计算机应用能力培养丛书

U0129678

Windows XP 操作系统简明教程
(SP3 版)

陈　笑　编著

清华大学出版社
北　京

内 容 简 介

本书从初学者角度出发，循序渐进地介绍了 Windows XP SP3 的使用方法和操作技巧。全书共 14 章，主要内容包括 Windows XP SP3 的安装方法，桌面的使用和管理，中文输入法和字体的安装，文件和文件夹的基本操作，Windows XP 操作环境的定制，常用组件工具的用法，多媒体娱乐工具，安装和管理应用程序，Internet 接入技术与应用，局域网组建和资源共享，磁盘的管理和注册表维护，Windows XP 的安全工具和数据保护方法，系统的检测、优化和维护等。

本书内容丰富，结构清晰，核心概念和关键技术讲解清楚，同时提供了丰富的示例以展示具体应用，有利于读者快速掌握并熟练使用 Windows XP，可作为高等学校、高职学校，以及社会各类培训班"Windows XP 操作系统"课程的教材。

图书在版编目(CIP)数据

Windows XP 操作系统简明教程(SP3 版)/陈笑 编著. —北京：清华大学出版社，2009.6
(计算机应用能力培养丛书)
ISBN 978-7-302-20376-6

I. W… Ⅱ.陈… Ⅲ.窗口软件，Windows XP—教材 Ⅳ.TP316.7

中国版本图书馆 CIP 数据核字(2009)第 092682 号

责任编辑：王　军　李维杰
装帧设计：康　博
责任校对：胡雁翎
责任印制：王秀菊

出版发行：清华大学出版社　　　　　　　　地　　址：北京清华大学学研大厦 A 座
　　　　　http://www.tup.com.cn　　　　邮　　编：100084
　　　　　社　总　机：010-62770175　　邮　　购：010-62786544
　　　　　投稿与读者服务：010-62776969,c-service@tup.tsinghua.edu.cn
　　　　　质量反馈：010-62772015,zhiliang@tup.tsinghua.edu.cn
印　刷　者：北京密云胶印厂
装　订　者：三河市李旗庄少明装订厂
经　　销：全国新华书店
开　　本：185×260　印　张：15.5　字　数：386 千字
版　　次：2009 年 6 月第 1 版　　印　　次：2009 年 6 月第 1 次印刷
印　　数：1～4000
定　　价：22.00 元

前　言

高职高专教育以就业为导向，以技术应用型人才为培养目标，担负着为国家经济高速发展输送一线高素质技术应用人才的重任。近年来，随着我国高等职业教育的发展，高职院校数量和在校生人数均有了大幅激增，已经成为我国高等教育的重要组成部分。

根据目前我国高级应用型人才的紧缺情况，教育部联合六部委推出"国家技能型紧缺人才培养培训项目"，并从 2004 年秋季起，在全国两百多所学校的计算机应用与软件技术、数控项目、汽车维修与护理等专业推行两年制和三年制改革。

为了配合高职高专院校的学制改革和教材建设，清华大学出版社在主管部门的指导下，组织了一批工作在高等职业教育第一线的资深教师和相关行业的优秀工程师，编写了适应新教学要求的计算机系列高职高专教材——《计算机应用能力培养丛书》。该丛书主要面向高等职业教育，遵循"以就业为导向"的原则，根据企业的实际需求来进行课程体系设置和教材内容选取。根据教材所对应的专业，以"实用"为基础，以"必需"为尺度，为教材选取理论知识；注重和提高案例教学的比重，突出培养人才的应用能力和实际问题解决能力，满足高等职业教育"学校评估"和"社会评估"的双重教学特征。

每本教材的内容均由"授课"和"实训"两个互为联系和支持的部分组成，"授课"部分介绍在相应课程中，学生必须掌握或了解的基础知识，每章都设有"学习目标"、"实用问题解答"、"小结"、"习题"等特色段落；"实训"部分设置了一组源于实际应用的上机实例，用于强化学生的计算机操作使用能力和解决实际问题的能力。每本教材配套的习题答案、电子教案和一些教学课件均可在该丛书的信息支持网站（http://www.tupwk.com.cn/GZGZ）上下载或通过 Email（wkservice@tup.tsinghua.edu.cn）索取，读者在使用过程中遇到了疑惑或困难可以在支持网站的互动论坛上留言，本丛书的作者或技术编辑会提供相应的技术支持。

本书依据教育部《高职高专教育计算机公共基础课程教学基本要求》编写而成，从初学者角度出发，循序渐进地介绍了 Windows XP SP3 的使用方法和操作技巧。全书共 14 章，主要内容包括 Windows XP SP3 的安装方法，桌面的使用和管理，中文输入法和字体的安装，文件和文件夹的基本操作，Windows XP 操作环境的定制，常用组件工具的用法，多媒体娱乐工具，安装和管理应用程序，Internet 接入技术与应用，局域网组建和资源共享，磁盘的管理和注册表维护，Windows XP 的安全工具和数据保护方法，系统的检测、优化和维护等。为了提高读者的实际应用能力，第 14 章提供了一些较具有代表性的操作实训，以供学生上机使用。

由于计算机科学技术发展迅速，和受自身水平和编写时间所限，书中如有错误或不足之处，欢迎广大读者对我们提出意见或建议。

编　者

目 录

第 1 章 安装 Windows XP SP3 ············1
1.1 操作系统概述 ··················1
  1.1.1 操作系统的作用 ············1
  1.1.2 操作系统的功能 ············2
  1.1.3 常用的操作系统及分类 ···2
  1.1.4 Windows XP 简介 ·········2
1.2 安装 Windows XP SP3 ········3
  1.2.1 硬盘的分区与格式化 ····4
  1.2.2 安装前的准备 ············9
  1.2.3 设置计算机从光驱启动 ···9
  1.2.4 Windows XP SP3 的安装
      过程 ·····················10
1.3 安装硬件设备的驱动程序 ·······13
  1.3.1 安装主板上的驱动程序 ···13
  1.3.2 安装独立显卡的驱动
      程序 ·····················14
  1.3.3 安装 DirectX 程序 ········15
本章小结 ·····························16
习题 ·································16

第 2 章 Windows XP 入门 ············17
2.1 启动、关闭和注销
  Windows XP ···················17
2.2 使用键盘和鼠标 ·············18
  2.2.1 鼠标的使用方法 ·········18
  2.2.2 键盘的使用方法 ·········19
2.3 初识 Windows XP 的桌面 ·······21
  2.3.1 桌面图标 ···············21
  2.3.2 桌面背景 ···············22
  2.3.3 任务栏 ·················22
2.4 使用【开始】菜单 ··········22

  2.4.1 通过【开始】菜单启动
      应用程序 ···············23
  2.4.2 更改【开始】菜单的
      样式 ·····················24
2.5 使用桌面图标 ···············24
  2.5.1 调整系统图标 ···········24
  2.5.2 创建桌面图标 ···········25
  2.5.3 排列图标 ···············25
  2.5.4 重命名和删除图标 ······26
  2.5.5 使用桌面清理向导 ······26
2.6 使用任务栏 ·················27
  2.6.1 添加快速启动栏 ·········28
  2.6.2 隐藏任务栏 ·············28
  2.6.3 移动任务栏 ·············28
  2.6.4 改变任务栏的大小 ······29
  2.6.5 分组相似任务栏 ·········29
2.7 使用窗口 ···················29
  2.7.1 窗口的组成 ·············29
  2.7.2 打开窗口 ···············30
  2.7.3 窗口的最大化、最小化或
      还原和关闭 ············31
  2.7.4 移动窗口的位置 ·········31
  2.7.5 改变窗口的大小 ·········31
  2.7.6 滚动窗口中的内容 ······31
  2.7.7 切换窗口 ···············31
  2.7.8 窗口的排列 ·············32
2.8 使用对话框 ·················33
2.9 使用系统帮助 ···············35
本章小结 ·····························37
习题 ·································37

第3章　使用输入法和字体⋯⋯⋯⋯**39**

　3.1　中文输入法简介⋯⋯⋯⋯⋯⋯39

　　3.1.1　认识输入法的语言栏⋯⋯39

　　3.1.2　添加或删除 Windows XP

　　　　　自带的输入法⋯⋯⋯40

　　3.1.3　选择和切换输入法⋯⋯40

　　3.1.4　为输入法设置快捷键⋯⋯41

　　3.1.5　设置输入法语言栏的

　　　　　透明度⋯⋯⋯⋯41

　3.2　使用微软拼音输入法⋯⋯⋯42

　　3.2.1　认识微软拼音输入法的

　　　　　状态条⋯⋯⋯⋯42

　　3.2.2　输入汉字⋯⋯⋯⋯⋯43

　　3.2.3　使用自造词工具⋯⋯⋯43

　　3.2.4　设置微软拼音输入法⋯⋯44

　3.3　关于五笔输入法⋯⋯⋯⋯⋯45

　　3.3.1　汉字的结构特征⋯⋯⋯46

　　3.3.2　字根在键盘上的布局⋯⋯46

　　3.3.3　拆字规则⋯⋯⋯⋯⋯47

　3.4　关于手写输入法⋯⋯⋯⋯⋯47

　3.5　安装和使用字体文件⋯⋯⋯48

　本章小结⋯⋯⋯⋯⋯⋯⋯⋯49

　习题⋯⋯⋯⋯⋯⋯⋯⋯⋯49

第4章　文件和文件夹的基本操作⋯**51**

　4.1　文件和文件夹概述⋯⋯⋯⋯51

　　4.1.1　什么是文件⋯⋯⋯⋯51

　　4.1.2　什么是文件夹⋯⋯⋯52

　　4.1.3　文件名和扩展名⋯⋯⋯52

　　4.1.4　常见的文件类型⋯⋯⋯52

　4.2　认识 Windows 资源管理器⋯53

　4.3　创建和管理文件或文件夹⋯54

　　4.3.1　选择文件或文件夹⋯⋯54

　　4.3.2　创建、删除、重命名文件或

　　　　　文件夹⋯⋯⋯⋯55

　　4.3.3　复制、移动文件或文件夹⋯55

　　4.3.4　选择文件或文件夹的查看

　　　　　方式⋯⋯⋯⋯⋯56

　　4.3.5　排序文件或文件夹⋯⋯57

　　4.3.6　对文件或文件夹分组⋯⋯58

　　4.3.7　隐藏或显示隐藏的文件、

　　　　　文件夹⋯⋯⋯⋯59

　　4.3.8　注册文件类型⋯⋯⋯59

　　4.3.9　搜索文件或文件夹⋯⋯61

　4.4　使用和管理回收站⋯⋯⋯62

　　4.4.1　使用回收站⋯⋯⋯⋯62

　　4.4.2　设置回收站的属性⋯⋯63

　本章小结⋯⋯⋯⋯⋯⋯⋯⋯64

　习题⋯⋯⋯⋯⋯⋯⋯⋯⋯64

第5章　个性化 Windows XP⋯⋯⋯⋯**65**

　5.1　个性化桌面显示⋯⋯⋯⋯⋯65

　　5.1.1　自定义桌面背景⋯⋯⋯65

　　5.1.2　调整屏幕的分辨率和

　　　　　刷新率⋯⋯⋯⋯66

　　5.1.3　使用屏幕保护程序⋯⋯67

　　5.1.4　设置 Windows 外观⋯⋯68

　5.2　个性化鼠标和键盘⋯⋯⋯⋯69

　　5.2.1　设置鼠标键⋯⋯⋯⋯69

　　5.2.2　设置鼠标外观⋯⋯⋯70

　　5.2.3　设置鼠标的移动方式⋯⋯71

　　5.2.4　设置键盘⋯⋯⋯⋯71

　5.3　设置系统日期和时间⋯⋯⋯72

　　5.3.1　设置时间和日期格式⋯⋯72

　　5.3.2　更新时间和日期⋯⋯⋯73

　5.4　管理用户账户⋯⋯⋯⋯⋯74

　　5.4.1　Windows XP 的用户账户

　　　　　类型⋯⋯⋯⋯⋯74

　　5.4.2　为管理员账户设置密码⋯⋯75

　　5.4.3　创建新账户⋯⋯⋯⋯76

　　5.4.4　修改用户账户⋯⋯⋯76

　　5.4.5　删除用户账户⋯⋯⋯77

　　5.4.6　启用来宾账户⋯⋯⋯77

　本章小结⋯⋯⋯⋯⋯⋯⋯⋯78

　习题⋯⋯⋯⋯⋯⋯⋯⋯⋯78

第6章　常用组件工具…………79

6.1　使用记事本…………79

6.2　使用写字板…………79

　6.2.1　使用写字板编辑并保存

　　　　文档…………79

　6.2.2　在写字板中插入并编辑

　　　　对象…………81

6.3　使用画图工具…………81

　6.3.1　了解画图工具…………82

　6.3.2　绘制并保存图形…………82

　6.3.3　画图工具的高级用法…………85

6.4　使用计算器…………85

6.5　使用命令提示符…………87

本章小结…………89

习题…………90

第7章　多媒体娱乐工具…………91

7.1　设置多媒体属性…………91

　7.1.1　调节音量…………91

　7.1.2　设置音频…………92

　7.1.3　设置语音和硬件设备…………93

　7.1.4　设置系统提示音…………93

7.2　使用录音机…………93

　7.2.1　录制并播放声音文件…………94

　7.2.2　处理声音特效…………94

7.3　使用 Windows Media

　　　Player 11…………95

　7.3.1　启动 Windows Media

　　　　Player 11…………95

　7.3.2　了解媒体库…………95

　7.3.3　浏览与搜索媒体文件…………97

　7.3.4　播放媒体文件…………99

　7.3.5　播放设置…………100

　7.3.6　翻录 CD…………101

　7.3.7　媒体库同步…………103

7.4　使用 Windows

　　　Movie Maker…………104

　7.4.1　收集和组织素材…………105

　7.4.2　安排故事情节…………106

　7.4.3　设置效果或过渡…………107

　7.4.4　添加片头与片尾…………107

　7.4.5　导出电影…………108

7.5　禁止光盘自动播放…………108

本章小结…………109

习题…………109

第8章　安装和管理应用程序…………111

8.1　安装和卸载应用程序…………111

　8.1.1　选择要安装的应用程序…………111

　8.1.2　应用程序的安装过程…………112

　8.1.3　卸载应用程序…………115

8.2　启动、切换和退出应用

　　　程序…………116

　8.2.1　启动应用程序…………116

　8.2.2　在应用程序间切换…………117

　8.2.3　退出应用程序…………118

8.3　关于应用程序的兼容模式…………118

8.4　安装和卸载 Windows 组件…………119

本章小结…………120

习题…………120

第9章　Internet 接入与网上冲浪……122

9.1　Internet 基础知识…………122

　9.1.1　Internet 的产生与发展…………122

　9.1.2　Internet 在我国的发展…………123

　9.1.3　Internet 提供的服务类型……124

　9.1.4　Internet 的工作原理…………125

　9.1.5　信息在 Internet 中的传输

　　　　过程…………127

　9.1.6　下一代 Internet 协

　　　　议——IPv6…………128

9.2　使用 ADSL 接入 Internet……130

　9.2.1　选择合适的上网方式…………130

　9.2.2　ADSL 简介…………131

　9.2.3　选择 ADSL Modem…………132

　9.2.4　安装 ADSL Modem…………132

9.2.5 建立 ADSL 宽带连接 ……… 134

9.3 使用 Internet Explorer 8 浏览
     网页 ……………………… 136
    9.3.1 浏览网页 ……………… 136
    9.3.2 设置主页 ……………… 138
    9.3.3 使用历史记录 ………… 138
    9.3.4 收藏网页 ……………… 139
    9.3.5 RSS 订阅 ……………… 140
    9.3.6 保存网页内容 ………… 141

9.4 收发电子邮件 ……………… 141
    9.4.1 电子邮件的工作原理 …… 141
    9.4.2 电子邮件的通信协议 …… 142
    9.4.3 电子邮箱的地址格式 …… 142
    9.4.4 如何选择电子邮件
           服务商 ……………… 143
    9.4.5 申请 Gmail 免费邮箱 …… 143
    9.4.6 收取和发送电子邮件 …… 145
    9.4.7 使用通讯录 …………… 146
    9.4.8 使用签名、图片、外出
           回复 ………………… 148

本章小结 ……………………… 149
习题 …………………………… 150

第 10 章 局域网组建与资源共享 …… 151
10.1 初识局域网 ………………… 151
    10.1.1 有线局域网 …………… 151
    10.1.2 无线局域网 …………… 152

10.2 组建和配置局域网 ………… 152
    10.2.1 制作双绞线 …………… 152
    10.2.2 连接交换机/路由器 …… 154
    10.2.3 配置路由器 …………… 154
    10.2.4 配置网络协议 ………… 155

10.3 管理局域网 ………………… 157
    10.3.1 命名局域网中的计算机
            并设置其位置 ……… 157
    10.3.2 管理本地连接 ………… 159
    10.3.3 检测网络连接状况 …… 159

10.4 共享局域网资源 …………… 161
    10.4.1 使用和配置公用
            文件夹 …………… 161
    10.4.2 使用标准共享 ………… 161
    10.4.3 访问局域网中的共
            享资源 …………… 162

本章小结 ……………………… 162
习题 …………………………… 163

第 11 章 磁盘管理与注册表维护 …… 164
11.1 磁盘的管理和维护 ………… 164
    11.1.1 卷和卷标 …………… 164
    11.1.2 磁盘的格式化 ………… 165
    11.1.3 磁盘碎片整理 ………… 166
    11.1.4 磁盘清理 …………… 166
    11.1.5 磁盘查错 …………… 167

11.2 注册表的管理和维护 ……… 168
    11.2.1 注册表的结构 ………… 169
    11.2.2 备份和还原注册表 …… 169
    11.2.3 设置注册表访问权限 …… 170

本章小结 ……………………… 171
习题 …………………………… 172

第 12 章 系统安全与数据保护 ……… 173
12.1 Windows 安全中心 ………… 173
    12.1.1 打开 Windows 安
            全中心 …………… 173
    12.1.2 Windows 防火墙 …… 174
    12.1.3 Windows 自动更新 …… 176
    12.1.4 病毒防护 …………… 176

12.2 Internet 安全设置 ………… 176
    12.2.1 拦截弹出窗口 ………… 176
    12.2.2 定义安全级别 ………… 178
    12.2.3 处理 IE 加载项 ……… 179
    12.2.4 使用数字证书 ………… 179
    12.2.5 删除用户访问记录 …… 181

12.3 保护用户数据 ……………… 181
    12.3.1 加密和解密文件(夹) …… 181

12.3.2　备份和还原用户数据 ……182

本章小结 ………………………………184

习题 ……………………………………185

第 13 章　系统检测、维护与性能

优化 ………………………………186

13.1　检测系统性能 ……………………186

13.1.1　任务管理器 ……………186

13.1.2　性能监视器 ……………187

13.2　查看系统事件 ……………………189

13.2.1　认识事件查看器 …………189

13.2.2　查看日志 …………………190

13.2.3　管理日志 …………………192

13.3　管理系统设备 ……………………193

13.3.1　查看系统设备 ……………193

13.3.2　禁用和启用设备 …………194

13.3.3　更新设备驱动程序 ………194

13.3.4　安装即插即用设备 ………195

13.3.5　安装非即插即用设备 ……195

13.3.6　管理硬件配置文件 ………197

13.4　优化内存 …………………………198

13.5　管理电源 …………………………199

本章小结 ………………………………201

习题 ……………………………………201

第 14 章　实训 …………………………202

14.1　安装与配置 Windows

Vista/XP 双系统 ………………202

14.2　设置 BIOS 常用参数 …………206

14.3　安装并使用搜狗拼音

输入法 …………………………208

14.4　获取数码相机中的照片 ………211

14.5　刻录光盘 …………………………212

14.6　建立双机对等网络 ……………214

14.7　安装与使用打印机 ……………216

14.8　使用 Foxmail 收发

电子邮件 ………………………223

14.8.1　建立用户账户 ……………223

14.8.2　收发邮件 …………………224

14.8.3　使用地址簿和邮件组 ……226

11.8.4　使用 RSS 阅读新闻

和文章 ……………………227

14.9　使用 Partition Magic 管理

磁盘分区 ………………………229

14.9.1　创建新分区 ………………229

14.9.2　调整分区大小 ……………230

14.9.3　合并分区 …………………231

14.10　使用 Ghost 一键还原 ………233

第 1 章

安装 Windows XP SP3

本章首先对操作系统和 Windows XP 进行简介，然后介绍如何安装和配置 Windows XP SP3。通过本章的学习，应该完成以下**学习目标**：

- ☑ 了解操作系统的作用和常用的操作系统
- ☑ 了解 Windows XP
- ☑ 学会使用 Partition Magic 对硬盘进行分区和格式化
- ☑ 熟悉 Windows XP SP3 的安装过程
- ☑ 学会安装硬件设备的驱动程序
- ☑ 学会启动、注销和关闭 Windows XP
- ☑ 掌握在 Windows XP 中获取系统帮助的方法

1.1 操作系统概述

操作系统是指挥与管理计算机系统的软、硬件资源，使它们协调一致高效工作，同时又方便用户使用计算机的大型软件。使用计算机，实际上就是和操作系统打交道。

1.1.1 操作系统的作用

操作系统在计算机与用户之间起到接口的作用，如图 1-1 所示。作为最靠近硬件的一层系统软件，它将裸机改造成功能完善的一台虚拟机，使得计算机的使用和管理更为方便，计算机资源的利用率更高，上层的应用软件可以获得比硬件提供的功能更多的支持。具体表现如下：

- **提高系统资源利用率**：通过对计算机系统软硬件资源进行合理的调度与分配，最大限度地发挥计算机系统工作效率，即提高计算机系统在单位时间内处理任务的能力。

- **提供方便友好的用户界面**：使用户无须过多了解有关硬件和系统软件的细节就能方便灵活地使用计算机。

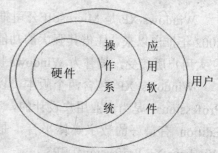

图 1-1 操作系统的地位

- **提供软件开发的运行环境**：为计算机系统的功能扩展提供支撑平台，使之在增加新的服务和功能时更加容易，且不影响原有的服务和功能。

提示：组装好但没有安装任何软件的计算机称为"裸机"，裸机是计算机完成任何工作任务的物理基础。要想在裸机上应用软件和运行程序，必须要有操作系统的支持。

1.1.2　操作系统的功能

- 处理机管理：在多道程序或多用户的情况下，组织多个作业同时运行，解决对处理机分配调度策略、分配实施和资源回收等问题，从而实现处理机的高速、有效运行。
- 存储管理：主要是对内存进行分配、保护和扩充，合理地为各道程序分配内存，保证程序间不发生冲突和相互破坏，并将内存和外存结合管理，为用户提供虚拟内存。
- 设备管理：根据一定的分配策略，把通道、控制器和输入输出设备分配给请求输入输出操作的程序，并启动设备完成实际的输入输出操作，使用户方便灵活地使用设备。
- 文件管理：这是对软件资源的管理，对暂时不用的程序数据以文件的形式保存到外存储器上，保证这些文件不会引起混乱或遭到破坏，并实现信息共享、保密和保护。
- 用户接口：提供方便友好的用户界面，用户无须了解有关硬件和系统软件的细节就能方便灵活地使用计算机。

1.1.3　常用的操作系统及分类

常用的微型机操作系统有：DOS、NOVELL、UNIX、Linux、OS/2、Windows、MAC等。Microsoft 公司的 Windows XP、Windows Server 2008、Windows Vista 等是目前很常用的操作系统。

- 根据操作系统的使用环境，可分为批处理操作系统、分时操作系统和实时操作系统；
- 根据用户数目，可分为单用户(单用户/多任务)操作系统(如 DOS)、多用户操作系统(如 Windows XP)、单机操作系统和多机操作系统；
- 根据硬件结构，可分为网络操作系统(如 Windows Server 2008)、分布式操作系统、并行操作系统、多媒体操作系统等。

1.1.4　Windows XP 简介

Windows XP 是 Microsoft 公司推出的基于 Windows NT 技术的图形界面操作系统，自2002 年推出以来，凭借其强大的功能、友好的用户界面、更快更稳定的运行环境，迅速被广大用户所接受，被誉为 Windows 操作系统家族中最成功的产品。

Windows XP 包含两个版本，以满足用户在家庭和工作中的不同需要。Windows XP Professional 是为商业用户设计的，有最高级别的可扩展性和可靠性；Windows XP Home Edition 有最好的数字媒体平台，是家庭用户和游戏爱好者的最佳选择。本书使用的是Windows XP Professional SP3。

目前，Windows XP 的最新版本为 Service Pack3，简称为 Windows XP SP3。和之前于2004 年 8 月推出的 Windows XP SP2 相比，Windows XP SP3 的界面没有显著变化。但作为一个补丁升级包，Windows XP SP3 汇总了 Microsoft 此前分散发布的 1000 多个更新补丁，修正了 Windows XP 在安全方面的漏洞，性能和稳定性也得到了极大提升，对核心模式驱动模块进行了改进，蓝屏死机问题也得到了更正。

此外，Windows XP SP3 也提供了不少全新特性，比如新的 Windows 产品激活模型(安装期间不需要输入序列号)，网络访问保护模块和策略，新的核心模式加密模块，黑洞路由检测功能等。这使得 Windows XP SP3 不仅仅是一个简单的补丁集合。

作为一款经典的操作系统，Windows XP 无论是在功能、稳定性，还是兼容性方面，都有非常出色的表现，其特点主要体现在以下几个方面。

- 易于使用：Windows XP 在桌面、窗口以及【开始】菜单上的设计，使得 Windows XP 容易学习和使用。

- 出色的应用程序与设备兼容性：Windows XP 对设备和硬件提供很好的支持，特别是对系统稳定性和设备兼容性的更好支持。Windows XP 还简化了计算机硬件地安装、配置和管理过程，对于几百种硬件提供了"即插即用(PnP)"支持，并且增强了对 USB(Universal Serial Bus)、IEEE1394、PCI(Peripheral Component Interconnection) 及其他总线的支持。

- 快速执行任务：使用 Windows XP 可以让用户更容易地找到需要的信息并以最适合的方式执行需要的任务。

- 强大的网络功能：用户可在不必了解大量网络知识的情况下，使用 Windows XP 的网络安装向导进行家庭或小型办公局域网络设置，以及进行 Internet 共享等。

- 系统可靠性强：Windows XP 建立在久经考验的 Windows 2000 核心基础之上，提供了大量有助于确保数据安全性和保护用户隐私的增强特性，兼容现在流行的大多数硬件和软件。Windows XP 坚如磐石的基础和众多的新特性可以确保计算机永不"怠工"。

- 帮助与支持服务：在 Windows XP 中，Microsoft 公司统一的帮助和支持服务中心将所有的支持服务(如远程协助、自动更新、联机帮助)以及其他工具等集中在了一起，使用户可以随时随地获得帮助。

1.2　安装 Windows XP SP3

当前，计算机硬件的水平已经有了很大提升，主流的装机配置，都已经完全能够满足 Windows XP SP3 的硬件需求。根据计算机的具体情况，用户可采取如下三种方式之一来安装 Windows XP SP3。

- **升级安装**：当用户需要以覆盖原有系统的方式进行升级安装时，可在以前的 Windows 98/Me 或者 Windows NT 4/2000 这些操作系统的基础上顺利升级到中文版 Windows XP，但是不能从 Windows 95 上进行升级。将 Windows XP SP3 光盘插入光驱，自动运行并弹出安装界面，单击【安装】按钮进行安装即可。如果光盘没有自动运行，可双击光盘根目录中的 Setup.exe 文件进行安装。

- **多系统共存安装**：当用户需要以多系统共存的方式进行安装，即保留原有的系统时，可以将 Windows XP SP3 安装在一个与原系统不同的分区中，与机器中原有的系统相互独立，互不干扰。Windows XP SP3 安装完成后，会自动生成开机启动时的系统选择菜单。

- **全新安装**：如果用户的计算机为裸机，即原先没有任何操作系统，那么可以通过 Windows XP SP3 的安装盘进行全新安装。本书介绍的是全新安装方式，其他两种方式与此相似。

注意：很多 Windows 用户都愿意在自己的机器上安装 Windows Vista 和 Windows XP 以组成双系统，在领略 Windows Vista 新体验的同时，可以切换到自己熟悉的 Windows XP。但 Windows Vista 的引导机制和 Windows XP 是完全不同的，因而很可能产生问题。关于 Windows Vista 和 Windows XP 双系统安装问题，读者可参阅本丛书的《Windows Vista 操作系统简明教程(SP1 版)》。

1.2.1 硬盘的分区与格式化

对于新组装的计算机，新硬盘不能直接用来存储数据，必须对其进行分区和格式化。对于 80GB 以下的硬盘，可以使用 DOS 下的 Fdisk、Format 命令来进行格式化。而对于 120GB、160GB 或更大容量的硬盘，Partition Magic 则是进行分区和格式化的首选工具。

提示：如果用户的硬盘已经分区，则可直接跳至 **1.2.2** 节，进行 **Windows XP SP3** 的安装。但了解一下本节的知识，对用户还是十分有必要的。

1. 与硬盘分区相关的几个概念

- **硬盘分区**：实际上就是将硬盘的整体存储空间划分成相互独立的多个区域。从目前应用的角度来看，大容量硬盘最好分区后再使用。其原因主要有：第一、将系统启动分区与用户数据分区分开，便于将来维护时尽量减少用户数据损失；第二、便于安装和使用多操作系统；第三、便于用户数据的分类存放。
- **物理磁盘**：真实的硬盘称为"物理磁盘"。
- **逻辑磁盘**：进行分区操作后形成的硬盘称为"逻辑磁盘"。例如 C:、D:、E: 等。一块"物理磁盘"可分割成一块或多块"逻辑磁盘"。
- **主分区**：也称为系统分区，主要安装操作系统并担负系统启动任务，通常以逻辑 C 磁盘为主分区。
- **扩展分区**：严格地讲它不是一个实际意义的分区，它需要再分割成一个或多个逻辑分区。

在 Windows 操作系统中，物理磁盘可以有 4 个主分区或 3 个主分区和 1 个扩展分区。扩展分区可以包含无数个逻辑磁盘。但在大多数情况下，计算机中只有 1 个主分区和 1 个扩展分区，在扩展分区上建立若干逻辑磁盘。

2. 文件系统简介

文件系统是有组织地存储文件或数据的方法，目的是便于数据的查询和存取，通过格式化操作可以将硬盘分区格式化为不同的文件系统。根据目前流行的操作系统，常用的分区格式有以下 4 种：

- **FAT16**：是早期 DOS 操作系统下的格式，由于设计原因，它对磁盘空间的利用率不够高，大多数操作系统都支持这种文件系统，包括 Windows 系列和 Linux。
- **FAT32**：是继 FAT16 后推出的，如今被普遍使用的文件格式。磁盘空间的利用率与 FAT16 相比提高了 15%左右，但是运行速度要稍慢。

- NTFS：是 Windows NT 的专用格式，具有出色的安全性和稳定性。这种文件系统对 DOS 以及 Windows 98/Me 系统并不兼容，要使用这种文件系统应安装 Windows 2000/XP/2003/Vista 系统。
- Linux 操作系统的磁盘分区格式与其他操作系统完全不同，有两种：一种是 Linux Native 主分区，一种是 Linux Swap 交换分区。这两种分区格式的安全性与稳定性极佳，结合 Linux 操作系统后，死机的几率大大减少。但是，目前只有 Linux 支持该分区格式。

3. 硬盘格式化

- 低级格式化：又称为物理格式化，它的作用是把空白的磁盘划分成一个个半径不同的同心圆、磁道，再将磁道划分为若干个扇区，并在每个扇区的物理区域场上标出地址信息，类似于在一张白纸上打出格线一样。由于低级格式化操作会减少硬盘寿命，所以用户不到万不得已时，不要进行低级格式化操作。如果硬盘出现严重错误，例如无法实现高级格式化，出现坏扇区等，可以使用低级格式化对硬盘进行修复。常用低级格式化工具有 Lformat 等。
- 高级格式化：就是指清除硬盘上的数据、重新生成引导区信息、初始化文件分配表、标注逻辑坏道等操作。常用工具有 Format。

4. 使用 Fdisk 命令分区和格式化硬盘

Fdisk 对硬盘的分区操作是在 DOS 系统中进行的，使用 Windows 启动盘或安装光盘启动计算机即可启动到 DOS 状态。使用 Fdisk 创建分区时，应首先创建主分区，然后创建扩展分区，最后创建逻辑分区。

(1) 进入 Fdisk 分区画面

❶ 使用 Windows 启动盘或安装光盘启动计算机，进入图 1-2 所示的画面。

❷ 在提示符后输入键入命令 Fdisk，然后回车，将看到图 1-3 所示的画面。画面大意是说磁盘容量已经超过了 512MB，为了充分发挥磁盘的性能，建议选用 FAT 32 文件系统。

图 1-2　启动 Fdisk 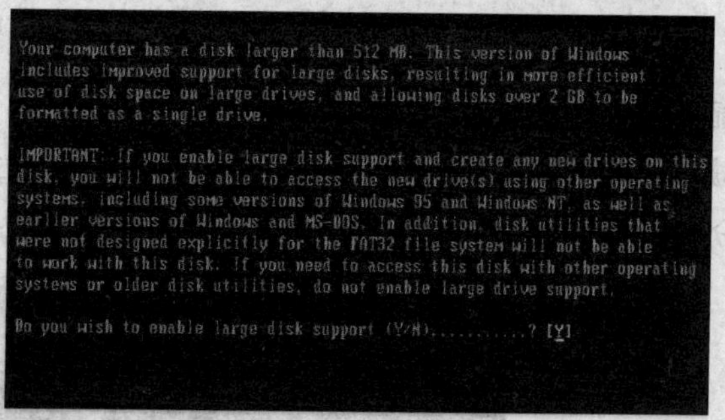　　　　　图 1-3　提示画面

❸ 输入字母 Y 后按回车键，进入 Fdisk 主画面，如图 1-4 所示。图中选项含义如下，操作时注意别混淆了。

- 【1】：创建 DOS 分区或逻辑驱动器
- 【2】：设置活动分区

- 【3】: 删除分区或逻辑驱动器
- 【4】: 显示分区信息

❹ 选择【1】后按回车键，进入图 1-5 所示的创建分区画面，图中选项含义如下。

- 【1】: 创建主分区
- 【2】: 创建扩展分区
- 【3】: 创建逻辑分区

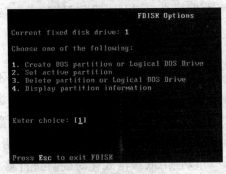 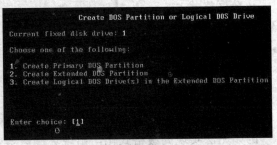

图 1-4 Fdisk 主菜单　　　　　　　　　　　图 1-5 创建分区画面

(2) 创建主分区(Primary Partition)

❶ 选择【1】后按回车键，Fdisk 开始检测硬盘。

❷ 接着出现图 1-6 所示的画面，询问是否希望将整个硬盘空间作为主分区并激活？主分区一般就是 C 盘，随着硬盘容量的日益增大，很少有人硬盘只分一个区，所以输入 N 并按回车键。

图 1-6 创建单/多分区的信息

❸ 显示硬盘总空间，并继续检测硬盘。

❹ 接着出现图 1-7 所示的画面，设置主分区的容量，可直接输入分区大小(以 MB 为单位)或分区所占硬盘容量的百分比(%)，按回车键确认。

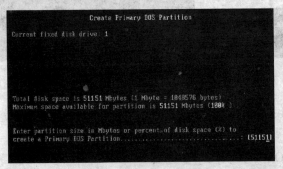

图 1-7 分配主分区容量

❺ 主分区 C 盘已经创建，如图 1-8 所示。按 Esc 键返回 Fdisk 分区画面(图 1-5 中的画面)以继续操作。

图 1-8 主分区已经创建完成的信息

(3) 创建扩展分区(Extended Partition)

❶ 在图 1-5 中的画面中选择【2】后按回车键，再次对硬盘进行检测。

❷ 接着出现图 1-9 所示的画面，习惯上我们会将除主分区之外的所有空间划为扩展分区，直接按回车键即可。当然，如果你想安装 Windows XP 之外的操作系统，则可根据需要输入扩展分区的空间大小或百分比。

❸ 扩展分区创建成功，如图 1-10 所示，按 Esc 键继续操作。

图 1-9 创建扩展分区信息　　　　　　图 1-10 扩展分区已经创建完成的信息

(4) 创建逻辑分区(Logical Drives)

❶ 过一会儿出现图 1-11 所示的画面，画面提示没有任何逻辑分区，接下来的任务就是创建逻辑分区(前面提过逻辑分区在扩展分区中划分)，在此输入第一个逻辑分区的大小或百分比，最高不能超过扩展分区的大小。

❷ 逻辑分区 D 已经创建，如图 1-12 所示。

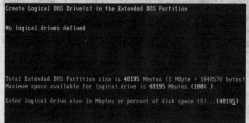

图 1-11 创建逻辑分区　　　　　　图 1-12 逻辑分区创建信息

❸ 按步骤❶和❷中的方法，创建其他逻辑分区。

(5) 设置活动分区(Active Partition)

❶ 返回 Fdisk 主菜单，即图 1-4 所示界面。选择【2】设置活动分区。进入图 1-13 所示界面。

❷ 只有主分区才可以被设置为活动分区！选择数字【1】，即设 C 盘为活动分区。当硬盘划分了多个主分区后，可设其中任一个为活动分区。

❸ C 盘已经成为活动分区，如图 1-14 所示。

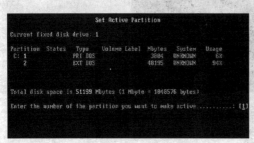

图 1-13　设置活动分区 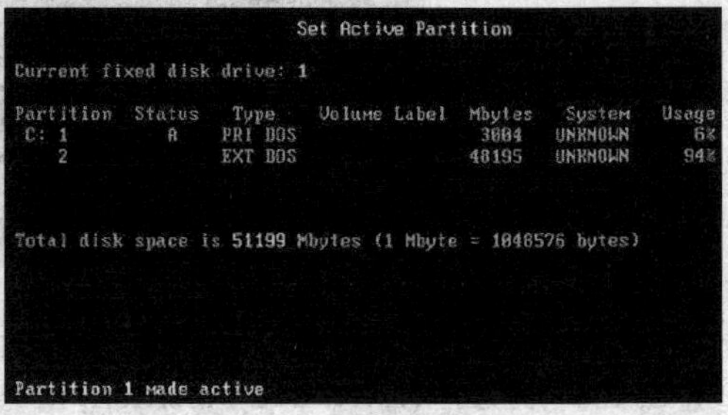　　　　　　　　图 1-14　活动分区设置情况

❹ 重启计算机，以使分区生效。计算机重启后，还必须格式化硬盘的每个分区，这样分区才能使用，如图 1-15 所示。

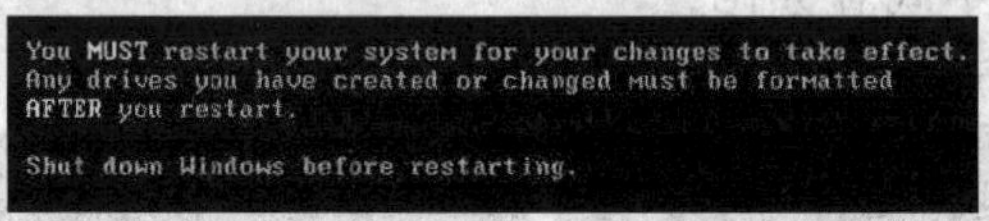

图 1-15　重启计算机以使分区生效

(6) 格式化分区

一般来说，除主分区外，其他的各个逻辑盘可以在安装好操作系统后，再进行格式化。但主分区必须在 DOS 状态下格式化才能正确地安装操作系统。

❶ 使用 Windows 启动盘或安装光盘启动计算机，当看到屏幕上出现"A:\>_"提示符后，输入"Format c:"命令，如图 1-16 所示。然后输入 Y，进行格式化 C 盘的操作，如图 1-17 所示。

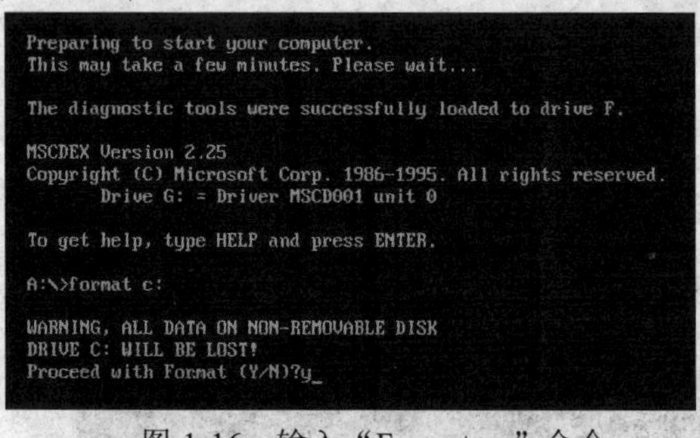

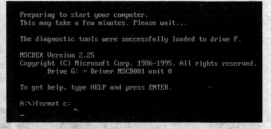

图 1-16　输入"Format c:"命令　　　　　　图 1-17　格式化 C 盘

❷ 按 Enter 键，即可开始格式化 C 盘，如图 1-18 所示。

❸ 格式化完毕后，进入图 1-19 所示的画面，要求输入卷标。按 Enter 键，设置空白卷标，完成 C 盘的格式化操作。

提示："卷"是指格式化后由文件系统使用的分区或分区集合。而"卷标"则是用户标识这个卷的名称，如将 C 盘设为"系统"，将 D 盘设为"软件"，讲 E 盘设为"学习"等。

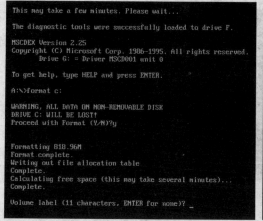

图 1-18　开始格式化 C 盘

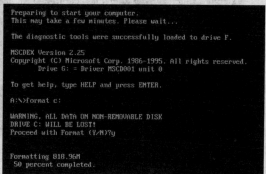

图 1-19　要求输入卷标

❹ 用同样的方法格式化其他分区。

如果用户打算对一块硬盘重新分区，那么你首先要做的是删除旧分区！删除分区的顺序从下往上，即【逻辑分区】→【扩展分区】→【主分区】，详细操作请参考实训一。关于 Partition Magic 分区工具的用法，读者可参考本丛书的《常用工具软件简明教程》。

1.2.2　安装前的准备

- 准备好 Windows XP Professional SP3 简体中文版安装光盘，并检查光驱是否支持自启动。
- 可能的情况下，在运行安装程序前用磁盘扫描程序扫描所有硬盘，检查硬盘错误并进行修复，否则安装程序运行时如检查到硬盘错误可能会导致安装失败。
- 可能的情况下，用驱动程序备份工具(如驱动精灵 2008)将原 Windows XP 下的所有驱动程序备份到硬盘上(如 F:\Drive)。最好能记下主板、网卡、显卡等主要硬件的型号及生产厂家，预先下载驱动程序备用。
- 如果你想在安装过程中格式化 C 盘或 D 盘(建议安装过程中格式化 C 盘)，请备份 C 盘或 D 盘中有用的数据。

1.2.3　设置计算机从光驱启动

BIOS 是计算机系统最底层的硬件控制，负责系统基本硬件的运行。它的功能对计算机性能有很大的影响，计算机的原始操作都是依照固化在 BIOS 中的内容来完成的。利用光盘安装 Windows XP SP3 需要从光盘启动安装程序，所以首先要做的就是在 BIOS 中设置光驱为第一启动设备。

例 1-1　在 BIOS 中设置从光驱启动计算机。

❶ 打开计算机电源，确保计算机正常启动。启动时，按 Delete 键(有的主板可能是 F2 键，用户可根据屏幕提示操作)，进入 BIOS 设置程序，如图 1-20 所示。

❷ 选择【Advanced BIOS Feature】选项后，按 Enter 键，进入 BISO 功能设置界面，如图 1-21 所示。

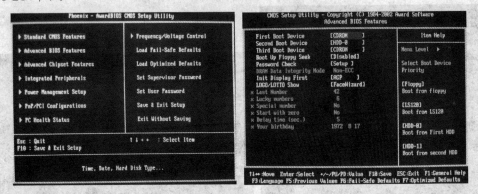

图 1-20　BIOS 设置主界面　　　　　　图 1-21　BIOS 高级功能设置界面

❸ 使用上、下方向键将【First Boot Device】选项设置为【CDROM】，如图 1-22 所示。

❹ 按 ESC 键，返回至步骤❶的 BIOS 设置主界面。按 F10 键保存 BIOS 设置，界面中将会显示提示信息 "SAVE to COMS and EXIT (Y/N)?"，如图 1-23 所示。按 Y 键，确认并退出 BIOS 设置程序。这时计算机将重启，以使 BIOS 的设置生效。

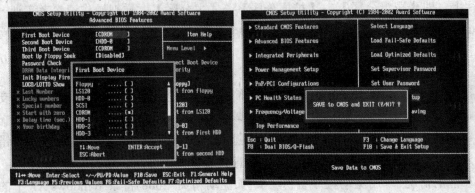

图 1-22　将第一启动设备设置为光驱　　　　　图 1-23　提示信息

1.2.4　Windows XP SP3 的安装过程

将 Windows XP Professional SP3 中文版的安装光盘放入光驱后重新启动计算机，当屏幕上出现图 1-24 所示的画面时，按下键盘上的任何键，进入 Windows XP SP3 的安装流程，否则不能启动安装程序。

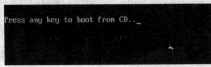

图 1-24　提示用户按键以进入 Windows XP SP3 安装界面

例 1-2　安装中文版 Windows XP Professional SP3。

❶ 光盘自动启动后，安装程序首先会从光盘上复制一些必要信息，稍后进入图 1-25 所示的安装界面。

❷ 根据提示，按回车键进入显示磁盘分区情况的界面，如图 1-26 所示，用户可以选择安装系统的磁盘分区。如果用户没有对硬盘进行分区，画面中将显示"未划分的空间"

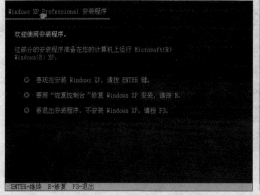 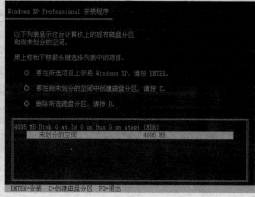

图 1-25　Windows XP SP3 安装界面　　　　　图 1-26　选择磁盘分区

提示：如果用户没有事先对硬盘进行分区和格式化。可以在图 1-26 中选择"未划分的空间"，然后按 **C** 键创建磁盘分区，并在创建的磁盘分区上安装系统。也可以直接在该"未划分的空间"上安装系统，安装程序会自动创建分区并对其格式化。

❸ 选择好安装系统的磁盘分区后，按 Enter 键，打开硬盘格式化界面，如图 1-27 左图所示。选择【用 NTFS 文件系统格式化磁盘分区(快)】选项，按 Enter 键，安装程序开始格式化磁盘分区，如图 1-27 右图所示。

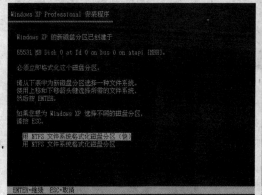 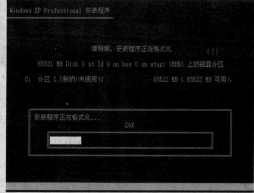

图 1-27　格式化磁盘分区

❹ 格式化完成后，安装程序将自动复制光盘上的文件到 Windows XP SP3 的安装文件夹中，如图 1-28 所示。

❺ 文件复制结束后，安装程序会自动重启计算机，并进入 Windows XP SP3 的启动界面。接下来系统将自动对计算机中安装的硬件进行检测并安装相应的驱动程序，如图 1-29所示。这个过程稍微长一些，可能需要 20 几分钟，具体由用户硬件性能决定。

❻ 安装完成并保存设置后，计算机重新启动并进入 Windows XP SP3 的欢迎界面，如图 1-30 所示。

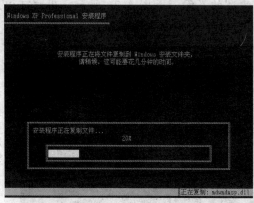

图 1-28　复制文件

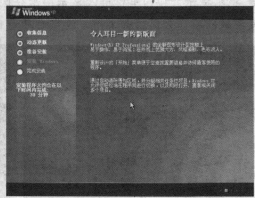

图 1-29　安装设备并进行系统设置

❼ 单击【下一步】按钮，选择是否立即启动 Windows XP 的自动更新功能，这里选择【现在不启用】选项，如图 1-31 所示。

图 1-30　Windows XP 的欢迎界面

图 1-31　选择是否立即自动更新

❽ 单击【下一步】按钮，进入 Internet 连接设置界面，如图 1-32 所示。

❾ 单击【跳过】按钮，进入 Microsoft 注册界面，如图 1-33 所示。选择【否，现在不注册】选项。

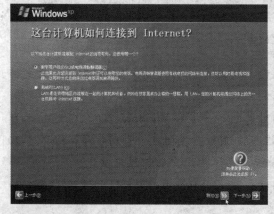

图 1-32　Internet 连接设置界面

图 1-33　Microsoft 注册界面

⑩ 单击【下一步】按钮，输入使用计算机的用户名，如图 1-34 所示。

⑪ 单击【下一步】按钮，屏幕上出现感谢信息。单击【完成】按钮，即可进入 Windows XP SP3 操作系统，完成安装，如图 1-35 所示。

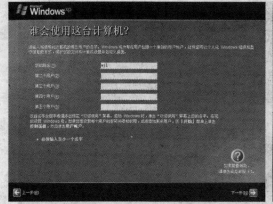

图 1-34　输入使用该计算机的用户名　　　图 1-35　进入 Windows XP SP3 操作系统

1.3　安装硬件设备的驱动程序

驱动程序(Device Driver)全称为"设备驱动程序"，是一种可以使计算机和设备通信的特殊程序。驱动程序提供了硬件到操作系统的一个接口，并协调二者之间的关系。由于驱动程序有如此重要的作用，所以人们称驱动程序是"硬件的灵魂"、"硬件的主宰"，同时驱动程序也被形象地称为"硬件和系统之间的桥梁"。

操作系统只有安装了硬件的驱动程序，才能控制硬件设备的工作。而在安装硬件的驱动程序后，驱动程序会在操作系统启动的时候自动加载，并作为操作系统的一部分运行，在这个过程中无须用户干预。如果某设备(例如网卡、声卡等)的驱动程序未能正确安装或出现了问题，那么可能会使设备无法正常工作(例如无法上网、不能听歌等)，甚至还会影响到操作系统的稳定运行。

1.3.1　安装主板上的驱动程序

驱动程序一般由硬件的生产厂商提供，用户所购买主板的包装盒中的附带光盘中，存储的就是主板的驱动程序文件。

例 1-3　安装主板上的驱动程序。

❶ 启动计算机，并进入 Windows XP 操作系统后，将主板驱动程序放入光驱，将自动打开安装界面，如图 1-36 所示。

❷ 在【Drivers】选项卡下单击主板驱动选项，这里为【NVIDIA nForce Chipset Driver】选项，打开主板驱动安装向导，如图 1-37 所示。

❸ 单击【下一步】按钮，进入选择安装选项的界面，如图 1-38 所示。这里除了提供主板驱动外，还提供了网卡驱动。

❹ 单击【下一步】按钮，向导开始安装驱动。安装完成后，向导会提示是否立即重启计算机，以使安装的驱动程序生效。由于还要安装其他硬件的驱动，这里选择【否，稍后再重新启动计算机】选项，如图 1-39 所示，单击【完成】按钮。

图 1-36　主板驱动安装主界面

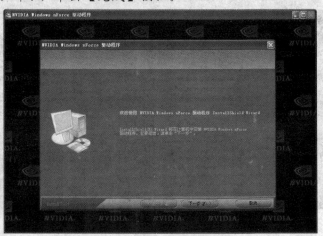

图 1-37　打开安装向导

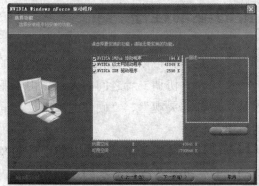

图 1-38　选择安装选项

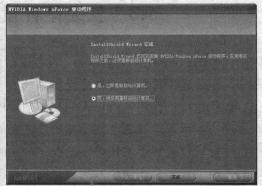

图 1-39　选择稍后重启计算机

❺ 现在的主板一般都集成了声卡和网卡，有的还集成了显卡。因而，主板驱动程序光盘上还会附带声卡、显卡的驱动程序。它们的安装方法与上述步骤相似，只要按照向导提示进行操作即可。对于本机而言，图 1-36 中【NVIDIA GeForce 61X0 GPU Driver】是显卡驱动，【SoundMAX ADI1986A Audio Driver】则是声卡驱动。

1.3.2　安装独立显卡的驱动程序

显卡的性能将直接影响计算机的画面显示效果和速度，因此，用户通常会选择安装独立的显卡。虽然主板驱动光盘可能会提供显卡的驱动程序，但为了更好地发挥出显卡的性能，最好安装显卡生产商随机附带的显卡驱动光盘上的驱动程序。

例 1-4　安装显卡的驱动程序。

❶ 启动 Windows XP 后，将独立显卡附带的驱动光盘放入光驱，自动打开显卡驱动程序的安装界面，如图 1-40 所示。

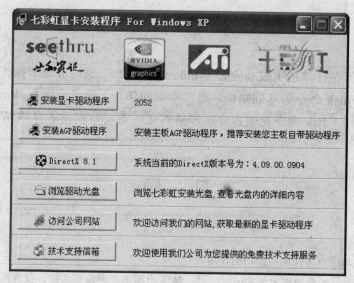

图 1-40　安装显卡驱动程序

❷ 单击【安装显卡驱动程序】按钮，然后按照向导提示进行操作即可完成安装。

1.3.3　安装 DirectX 程序

如果用户希望能清晰地显示画面的 3D 效果以及提高声音的处理能力，需要 DirectX 的良好支持。一般在主板和显卡的驱动光盘中都附带有 DirectX 的安装程序，使得用户可以方便地安装。用户也可以选择从 Internet 上下载最新版本的 DirectX 驱动程序，然后安装到机器上。

例 1-5　安装 DirectX 程序。

❶ 将主板的驱动光盘放入光驱，运行 DirectX 的安装向导，本例中的位置是【Utilities】选项卡下的【Microsoft DirectX 9.0c】选项，如图 1-41 所示。

❷ 阅读安装协议，选中【我接受此协议】单选按钮，如图 1-42 所示。

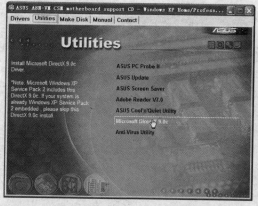

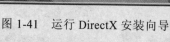

图 1-41　运行 DirectX 安装向导

图 1-42　阅读安装协议

❸ 单击【下一步】按钮，安装各个组件。完成后将打开【安装完成】对话框，单击【确定】按钮，即可完成 DirectX 程序的安装。

本 章 小 结

本章介绍了如何在计算机上成功安装 Windows XP SP3，同时介绍了操作系统、硬盘的分区、文件系统、Fdisk 命令等基础知识。通过本章的学习，读者应掌握 Windows XP 的安装方法，并学会使用 Fdisk 命令对硬盘分区和格式化。下一章向读者介绍 Windows XP 的桌面及其基本操作。

习 题

填空题

1. _____在计算机与用户之间起到接口的作用。

2. Windows XP 是 Microsoft 公司推出的基于_____技术的图形界面操作系统，包含两个版本，分别是_____和_____。

3. Windows XP 的安装方法有 3 种：升级安装、_____和_____。

4. 对于新组装的计算机，新硬盘不能直接用来存储数据，必须对其进行_____和_____。

5. 使用 Fdisk 创建分区时，应首先创建_____分区，然后创建_____分区，最后创建_____分区。

6. _____是计算机系统最底层的硬件控制，负责系统基本硬件的运行。

7. 操作系统只有安装了硬件的_____，才能控制硬件设备的工作。

选择题

8. 从用户数目的角度来分，Windows XP 属于( )。

    A. 单用户操作系统　　B. 多用户操作系统　　C. 多机操作系统　　D. 分时操作系统

9. 我们计算机上的"D："磁盘属于下列磁盘分区中的( )。

    A. 主分区　　　　　　B. 扩展分区　　　　　C. 逻辑分区　　　　D. 活动分区

简答题

10. 简述操作系统的功能。

11. 什么是文件系统？

12. 在安装 Windows XP SP3 之前，用户需要做哪些准备工作？

上机操作题

13. 在机器上安装 Windows XP SP3，掌握其安装过程。

第 2 章

Windows XP 入门

本章介绍 Windows XP 的最基本操作和桌面环境。通过本章的学习，应该完成以下

学习目标：

- ☑ 学会启动、关闭和注销 Windows XP
- ☑ 掌握鼠标和键盘的基本用法
- ☑ 熟悉 Windows XP 桌面的组成
- ☑ 学会使用【开始】菜单
- ☑ 学会使用桌面图标
- ☑ 学会使用任务栏
- ☑ 掌握窗口和对话框的基本操作

2.1 启动、关闭和注销 Windows XP

当用户电脑中成功安装了 Windows XP 操作系统后，启动电脑，便可以自动启动 Windows XP。如果 Windows XP 只有一个用户账号，并且没有设置密码，Windows XP 将自动以该用户身份进入系统；否则，将进入登录界面，Windows XP 要求选择账号并输入相应密码，如图 2-1 左图所示。当系统成功进入 Windows XP 操作系统的桌面后，则完成 Windows XP 的启动，如图 2-1 右图所示。

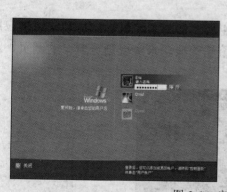

图 2-1 启动 Windows XP

如果需要退出 Windows XP 操作系统，可单击屏幕左下角的【开始】按钮，在打开的菜单中单击【关闭计算机】按钮，打开【关闭计算机】对话框，如图 2-2 所示。单击【关闭】图标按钮，Windows XP 将自动退出。

Windows XP 是一个多用户操作系统，允许多个用户登录到系统中，每个用户被管理员赋予对系统资源不同的访问权限，还可以拥有个性化的桌面、菜单、我的文档和应用程序等。如果需要从当前用户切换到另一个用户，不必重新启动 Windows XP 进行登录，只需对当前用户进行注销，然后切换为其他用户登录即可。

单击【开始】按钮，在打开的菜单中单击【注销】按钮，可打开【注销 Windows】对话框，如图 2-3 所示。单击【注销】图标按钮或【切换用户】图标按钮，都将返回 Windows 登录界面，选择要切换的用户进行登录即可。唯一区别在于：使用注销方式，当前用户的所有程序都将关闭；而使用切换用户方式，当前用户的程序将保留切换前的状态，可以随时切换回来继续进行操作。

图 2-2　【关闭计算机】对话框　　图 2-3　【注销 Windows】对话框

提示：在【关闭计算机】对话框中，如果单击【待机】图标按钮，**Windows XP** 将进入休眠状态，在休眠状态下，用户可随时重新进入系统。如果单击【重新启动】图标按钮，**Windows XP** 将首先退出，然后重新启动。

2.2　使用键盘和鼠标

鼠标和键盘作为计算机最基本的输入设备，方便了用户操控计算机完成日常工作和学习。初学者只有正确而熟练地掌握鼠标和键盘的操作，才能与计算机进行交互，从而达到事半功倍的效果。

2.2.1　鼠标的使用方法

鼠标是每台计算机都必备的外部设备，图 2-4 所示的为滚轮鼠标，是顺应网络应用而兴起的一种新型鼠标。它的特点是通过鼠标上小滚轮的滚动来实现浏览窗口的翻页，对于经常上网的用户而言极其方便。

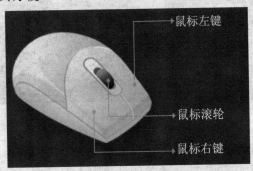

图 2-4　滚轮鼠标

提示：鼠标种类繁多，按其结构与工作原理可分为机械式、光电式和轨迹球式 3 大类。另外，还可分为有线鼠标和无线鼠标。

用户可以通过鼠标快速地对屏幕上的任何对象进行操作，下面从 6 个方面讲述鼠标的基本操作。

1. 移动

移动鼠标是所有鼠标操作的前提，也是鼠标基本操作之一。在稳住重心的前提下，使鼠标平稳地左右、前后移动，使得显示器上的光标(或指针)跟随操作移动。

鼠标左右移动时，要求手臂不动，拇指、小指和无名指轻轻卡住鼠标，手腕左右晃动，鼠标就会跟着移动，食指和中指不要抖动。

鼠标前后移动时，要求拇指、小指和无名指卡住鼠标，手臂稳住的同时，要把手向前后拉，一次只能前后移动少量距离，距离不够时可以再用肩膀来拖动手臂向前推或向后拉。这样指针就可移动较远距离。移动完成后，如果需要调整鼠标至以前的位置，可以轻轻卡住鼠标让其悬空，提起放回原处。由于鼠标悬空，屏幕上的指针不会移动。

2. 单击

当鼠标指向某个对象目标时，将鼠标左键按下，然后快速地松开，这种操作就是单击鼠标。单击一般用于选中某一目标(包含图标、命令)，或者是将指针移动至某个位置。

3. 双击

双击就是快速地连续按鼠标左键两下(即单击鼠标左键两下)，速度要快。双击一般用于打开或运行选定的目标。例如，双击图 2-1 右图所示的【我的电脑】图标，就会打开【我的电脑】窗口。

4. 右击

当鼠标指向某一对象目标时，按下鼠标右键，然后快速地松开，这就是右击鼠标。右击鼠标可以弹出一个与指向对象目标相关的快捷菜单，方便用户快速地选择相关命令。

5. 拖动

拖动是指用鼠标指向一个图标，按住鼠标左键不放直至将图标由一个位置拖动到另一个位置后松开。

注意：在拖动或选择的过程中，关键问题是鼠标左键不要松开，一旦松开，一切操作将无效，又得再重新操作一次。

6. 滚轮

滚轮是用户浏览网页和长文档的好助手。拨动滚轮可以替代用鼠标拖动页面上的滚动条，使页面上下滚动，使用户能快捷、方便地浏览网页及较长的文档。

2.2.2 键盘的使用方法

键盘是最基本的输入设备，用户与计算机进行交流、向计算机发出命令及编写程序等都要使用键盘进行输入，图 2-5 所示的是标准的 107 键盘布局。它主要有 4 个区：主键盘区、功能键区、编辑控制键区、数字键盘区，以及键盘指示区。

- 功能键区：包括 F1~F12 键、Esc 键、Wake 键、Sleep 键和 Power 键。这些键主要作为 Windows 或者程序操作的快捷键。

- 主键盘区：是键盘的主要组成部分，包括 10 个数字键、26 个字母键、14 个控制键和一些特殊符号键。用户必须熟悉它们的布局，以提高输入的速度。至于控制键的掌握，可以方便用户进行快速操作。
- 编辑控制键区：包括 4 个方向键、Delete 键、Insert 键、Home 键及 End 键等。其位于主键盘区和数字键盘区之间，主要用于光标控制、文本编辑和操作控制。
- 数字键盘区：包括 Num Lock 键、双字符键、Enter 键和符号键等。数字键盘区大部分是双字符键，上档符号是数字，主要用于输入数字和进行加减乘除的计算，而下档符号具有方向控制功能。
- 键盘指示区：包括大小写状态、数字键盘区状态等，主要用于指示当前键盘某些区域的状态。

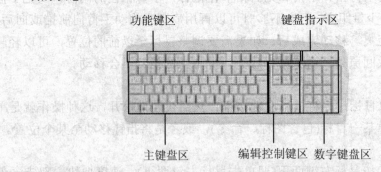

图 2-5　标准 107 键盘的布局

在使用键盘前，必须了解正确的打字姿势。一般情况下，正确的姿势是稳、准、有节奏。如果姿势不正确，不但会影响使用速度，还容易导致身体疲劳，时间长了还会对身体造成伤害。

1. 正确的坐姿

对于用户的坐姿，将给出两点要求：一是两脚平放，腰部挺直，两臂自然下垂；二是身体可略倾斜，离键盘的距离约为 20~30cm。

2. 基本击键方法

只有采用合理的击键方式才能快速、准确地录入文字或字符。因此需要规定手指和键位的搭配情况。一般将 A、S、D、F(左手)，J、K、L、";"(右手)键称为基本键。在输入文字时，手指必须置于基本键位上。在按下其他键位后，必须将手指重新放回基本键位上，然后再开始录入。手指要弯曲，轻放在基本键位上，大拇指要放在空格键上，两臂轻轻抬起，不要使手掌接触到键盘托架上。

熟悉了基本键位后，下面将介绍其他各键位和手指的搭配。

左手手指在键盘上的具体"管辖区域"如下所述。

- 小指分管 5 个键：1、Q、A、Z、左 Shift 键。此外，还分管左边的一些控制键。
- 无名指分管 4 个键：2、W、S、X 键。
- 中指分管 4 个键：3、E、D、C 键。
- 食指分管 8 个键：4、R、F、V、5、T、G、B 键。

右手手指在键盘上的具体"管辖区域"如下所述。

- 小指分管 5 个键：0、P、"；"、"/"、右 Shift 键。此外，还分管左边的一些控制键。
- 无名指分管 4 个键：9、O、L、"。"键。
- 中指分管 4 个键：8、I、K、"，"键。
- 食指分管 8 个键：6、Y、H、N、7、U、J、M 键。

注意：左右手指放在基本键上，击完键后手指必须迅速返回到对应的基本键上；食指击键注意键位角度；小指击键力量保持均匀；数字键采用跳跃式击键。长期保持就能逐渐形成盲打习惯，使得输入效率大大提高。

2.3　初识 Windows XP 的桌面

启动 Windows XP 后，呈现在用户面前的整个屏幕区域称为桌面。桌面上一般摆放着一些经常用到的或特别重要的文件夹和桌面图标，这些桌面图标实际上是一些快捷方式，用以快速打开相应的项目。

Windows XP 的桌面由桌面图标、桌面背景和任务栏 3 部分组成。其中，任务栏又由【开始】菜单、任务按钮和通知区域组成，如图 2-6 所示。

图 2-6　Windows XP 的桌面组成

2.3.1　桌面图标

初次启动 Windows XP SP3 时，桌面上显示的是【我的文档】、【我的电脑】、【网上邻居】、【Internet Explorer】和【回收站】这 5 个系统图标，它们的功能如下。

- 【我的文档】图标　：用于查看和管理【我的文档】文件夹中的文件和文件夹。这些文件和文件夹都是由一些临时文件、没有指定路径的保存文件和下载的 Web 页等组成。在默认情况下，【我的文档】文件夹的路径为"Documents and Settings\用户名\My Documents"。
- 【我的电脑】图标　：通过该图标，用户可以管理磁盘、文件和文件夹等内容。【我的电脑】是用户使用和管理计算机资源的最重要的工具。
- 【网上邻居】图标　：通过其属性对话框，用户可以配置本地网络连接、设置网络标识、进行访问控制设置和映射网络驱动器。双击该图标，可以打开【网上邻居】窗口来查看和使用网络资源。

- Internet Explorer 图标 ：通过该图标，用户可以快速地启动 Internet Explorer 浏览器，访问 Internet 资源。另外，通过其属性对话框，用户还可以设置本地的互联网连接属性，包括常规、内容、连接和程序等。

- 【回收站】图标 ：Windows XP 在删除文件和文件夹时并不将它们从磁盘上删除，而是暂时保存在回收站中，以便在需要时进行还原。在回收站中，用户可以清除或还原在【我的电脑】和【资源管理器】中删除的文件和文件夹。

用户也可以在桌面上创建自己经常需要访问的应用程序的图标，或者将当前比较急于处理的文档放置到桌面上，以便于快速访问。

2.3.2 桌面背景

桌面背景又称墙纸，是 Windows 桌面的背景图案。默认状态下， Windows XP 使用系统默认的图像作为桌面背景。为了使桌面的外观更加漂亮和具有个性化，用户可以在系统提供的多种方案中选择自己满意的背景，也可以使用自己的图片文件取代 Windows 的预设方案。

2.3.3 任务栏

Windows XP 桌面的下端即是任务栏，它是桌面的重要对象，为用户提供了快速切换应用程序、文档及其他已打开窗口的方法。

任务栏最左边的按钮是【开始】按钮，单击该按钮，可打开【开始】菜单。任务栏的最右边是通知区域，包含了当前启动的应用程序按钮，以及时间、输入法、网络和音量图标等，通过这些工具按钮和图标，用户可快速切换到相应的应用程序或对系统的时间、输入法等进行相应设置。【开始】按钮和通知区域间的部分用于显示窗口按钮，用户每打开一个程序、文档或窗口时，任务栏中将显示一个对应的窗口按钮，可以通过单击相应按钮在已经打开的窗口或程序间进行切换。

2.4 使用【开始】菜单

【开始】菜单是 Windows 操作系统的重要标记。单击桌面左下角的【开始】按钮，即可打开【开始】菜单，如图 2-7 所示。

【开始】菜单由 3 部分组成。最上方表明了当前登录 Windows XP 系统的用户。中间部分的左侧是用户常用的应用程序的快捷图标，根据其内容的不同，中间会用分组线进行分类，通过这些快捷图标，用户可以快速地启动相应的应用程序；中间部分的右侧是系统控制工具，如【我的电脑】、【打印机和传真】、【控制面板】等，通过它们用户可以实现对计算机的操作和管理。最下方包括了【注销】和【关闭计算机】两个按钮，用于注销和关闭 Windows XP。

在【开始】菜单中，如果命令右边有符号▶，表示该项下面有子菜单。例如，【我最近的文档】命令右侧有符号▶，将鼠标移到该命令上，将自动展开图 2-8 所示的子菜单。

图 2-7　【开始】菜单

图 2-8　展开的子菜单

2.4.1　通过【开始】菜单启动应用程序

安装 Windows XP SP3 后，系统会自动为用户安装一些小应用程序，如记事本、写字板、画图等，它们都可以通过【开始】菜单来启动。另外，用户在安装其他常用应用软件时，如 Photoshop、Office、Dreamweaver 等，安装向导也可以在【开始】菜单中创建快捷方式。

打开【开始】菜单，单击【所有程序】命令或将光标移到该命令上，展开的菜单中显示了 Windows XP 中所有安装的应用程序，如图 2-9 所示。将光标移到展开的要启动的应用程序的快捷方式上单击，即可启动该应用程序。

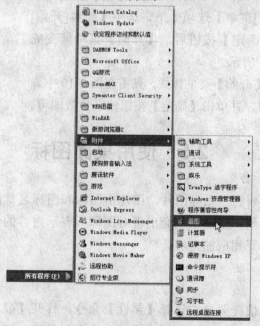

图 2-9　启动应用程序

用户可以更改应用程序从【开始】菜单中打开的方式。打开【开始】菜单，在底部的蓝色背景处右击鼠标，从弹出的快捷菜单中单击【属性】命令，打开【任务栏和[开始]菜单属性】对话框，如图 2-10 所示。单击【自定义】按钮，在打开的对话框中单击【高级】标签，切换到【高级】选项卡，在其中进行设置即可，如图 2-11 所示。

图 2-10　【任务栏和[开始]菜单属性】对话框　　　图 2-11　【高级】选项卡

　　用户还可以将应用程序的快捷方式附到【开始】菜单上，以便于能够快速启动它。只要找到该应用程序的启动程序并右击，从弹出的快捷菜单中选择【附到[开始]菜单】命令即可。

2.4.2　更改【开始】菜单的样式

　　Windows XP 的【开始】菜单充分考虑到用户的视觉需要，设计风格清新、明朗。考虑到 Windows 旧版本用户的需要，系统中还保留了经典【开始】菜单，用户如果不习惯新的【开始】菜单，可以改为原来 Windows 沿用的经典【开始】菜单样式。重新打开【任务栏和[开始]菜单属性】对话框，在【[开始]菜单】选项卡下，选中【经典[开始]菜单】单选按钮，单击【确定】按钮后，【开始】菜单就变成了传统的样式，如图 2-12 所示。

　　如果要恢复为标准的【开始】菜单样式，只需在图 2-10 中选中【[开始]菜单】单选按钮，并单击【确定】按钮使之生效即可。

图 2-12　经典【开始】菜单

2.5　使用桌面图标

　　桌面图标是桌面上排列的一系列图片，图片由图标和图标名称两部分组成。如果用户把鼠标放在图标上停留片刻，桌面上就会出现对图标所表示内容的说明或者是文件存放的路径，双击图标就可以打开相应的内容。

2.5.1　调整系统图标

　　右击桌面，在弹出的快捷菜单中选择【属性】命令，打开【显示属性】对话框。单击【桌面】标签，在【桌面】选项卡中单击【自定义桌面】按钮，可打开【桌面项目】对话框，如图 2-13 所示。

在【桌面图标】选项区域，用户可通过选项前面的复选框来决定该图标是否在桌面上显示。如果用户想更改某个系统图标的外观，可在列表框中选中它，然后单击【更改图标】按钮，在打开的对话框中选择自己喜欢的外观，如图 2-14 所示。如果想恢复该图标的默认外观，可单击【还原默认图标】按钮。

图 2-13 设置系统图标

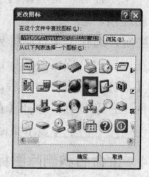

图 2-14 更改系统图标的外观

2.5.2 创建桌面图标

桌面上的图标实质上就是打开各种程序和文件的快捷方式，用户可以在桌面上创建自己经常使用的程序或文件的图标，这样使用时直接在桌面上双击即可快速启动它们。

在桌面的空白处右击，从弹出的快捷菜单中选择【新建】下的子菜单，用户可以创建各种形式的图标，如文件夹、快捷方式、文本文档等，如图 2-15 所示。当用户选择了所要创建的选项后，在桌面会出现相应的图标，用户可以为它命名，以便于识别。

当用户在图 2-15 中选择了【快捷方式】命令后，将打开【创建快捷方式】向导，该向导会帮助用户创建本地或网络程序、文件、文件夹、计算机或 Internet 地址的快捷方式，可以手动键入项目的位置，也可以单击【浏览】按钮，在打开的【浏览文件夹】窗口中选择快捷方式的位置，确定后，即可在桌面上建立相应的快捷方式。

图 2-15 创建桌面图标

2.5.3 排列图标

当用户在桌面上创建了多个图标后，如果不进行排列，就会显得非常凌乱，这样不利于用户选择所需要的项目，而且影响视觉效果。使用排列图标命令，可以使用户的桌面看上去整洁而富有条理。

用户需要对桌面上的图标进行位置调整时，可在桌面上的空白处右击，在弹出的快捷菜单中选择【排列图标】，其子菜单包含了多种排列方式，如图 2-16 所示。

【名称】：按图标名称开头的字母或拼音顺序排列。

【大小】：按图标所代表文件的大小顺序来排列。

【类型】：按图标所代表的文件类型来排列。

【修改时间】：按图标所代表文件的最后一次修改时间来排列。

图 2-16　排列图标

当用户选择【排列图标】子菜单中某项后，其旁边会出现"√"标志，说明该选项被选中，再次选择这个选项后，"√"标志消失，即表明取消了此选项。

当用户选择了【自动排列】命令后，在对图标进行移动时会出现一个选定标志，这时只能在固定的位置将各图标进行位置的互换，而不能拖动图标到桌面上任意位置；而当选择了【对齐到网格】命令后，调整图标的位置时，它们总是成行成列地排列，也不能移动到桌面上任意位置；选择【在桌面上锁定 Web 项目】可以使活动的 Web 页变为静止的图像；当用户取消了【显示桌面图标】命令前的"√"标志后，桌面上将不显示任何图标。

2.5.4　重命名和删除图标

如果要重命名图标，可右击该图标，从弹出的快捷菜单中选择【重命名】命令，当图标的文字说明位置呈反色显示时，输入新的名称，然后在桌面的任意其他位置单击，即可完成对图标的重命名。

桌面的图标失去使用价值时，可以将其删除。方法是在所需要删除的图标上右击，在弹出的快捷菜单中选择【删除】命令。用户也可以在桌面上选中该图标，然后在键盘上按下 Delete 键直接将其删除。

当删除图标时，系统会打开一个对话框询问用户是否确实要删除所选内容并将其移入回收站中。单击【是】，删除生效；单击【否】或者是单击对话框右上角的【关闭】按钮，此次操作取消。

2.5.5　使用桌面清理向导

如果用户在桌面上创建了多个快捷方式，有的最近不需要使用，则可以启动【桌面清理向导】来清理桌面，将不常使用的快捷方式放到一个名为"未使用的桌面快捷方式"文件夹中。

例 2-1　使用桌面清理向导清理桌面快捷方式。

❶ 在桌面空白处右击，从弹出的快捷菜单中选择【排列图标】|【运行桌面清理向导】命令，启动桌面清理向导，如图 2-17 所示。

❷ 单击【下一步】按钮，选择需要清理的快捷方式，如图 2-18 所示。

❸ 单击【下一步】按钮，确定要清理的快捷方式无误后，单击【完成】按钮，如图 2-19 所示。用户所选的快捷方式将从桌面上消失，而在桌面上出现一个"未使用的桌面快捷方式"文件夹。

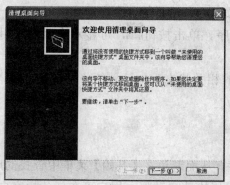
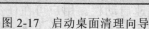
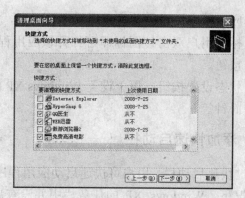

图 2-17　启动桌面清理向导　　　　　图 2-18　选择要清理的快捷方式

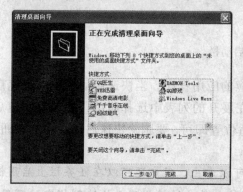

如果用户需要撤销以前的操作，使清理掉的快捷方式重新恢复到桌面，可以在桌面上双击"未使用的桌面快捷方式"文件夹，在打开的窗口中选择【编辑】|【撤销移动】命令，即可还原已清理的快捷方式，如图 2-20 所示。

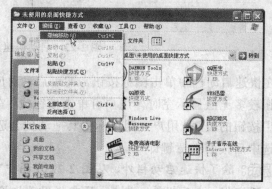

图 2-19　完成清理　　　　　　　　　图 2-20　撤销清理

注意： 桌面清理向导不会移动、更改或删除任何程序，只是将其快捷方式暂时放入了一个名为"未使用的桌面快捷方式"文件夹中。

2.6　使用任务栏

除了【开始】菜单外，任务栏还包括窗口按钮、应用程序按钮和状态设置按钮，如图 2-21 所示。

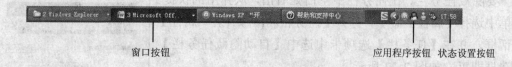

　　　　　　　窗口按钮　　　　　　　　　　　　　　　　　应用程序按钮　状态设置按钮

图 2-21　任务栏的其他组成部分

- 窗口按钮：每个窗口按钮表示已经打开的窗口，包括被最小化或隐藏在其他窗口下的窗口；单击这些按钮，用户可以在不同窗口之间进行切换。

- 应用程序按钮：某些应用程序启动后，如 QQ、迅雷等，会在通知区域显示一个图标，用户双击该图标即可打开该应用程序。单击按钮 <，可显示隐藏的应用程序按钮。
- 状态设置按钮：用于设置 Windows XP 的相关状态，如计划任务、音量、输入法、时钟等。

2.6.1 添加快速启动栏

通过快速启动栏，用户可快速启动应用程序，从而避免在【开始】菜单中查找的麻烦。默认情况下，Windows XP 的任务栏中并没有启用快速启动栏。用户可在任务栏空白处右击，从弹出的快捷菜单中选择【工具栏】|【快速启动】命令，任务栏中【开始】菜单的右侧即出现快速启动栏，如图 2-22 所示。

快速启动栏

图 2-22 启动快速启动栏

在快速启动栏中单击图标按钮，即可启动对应的应用程序。当快速启动栏中的快速启动按钮较多无法显示完时，用户可单击按钮 »，在展开的列表中选择即可。要调整快速启动栏中按钮的顺序，用户可用鼠标将其拖动到合适位置即可。要删除快速启动栏中的按钮，只需选中后按 Delete 键即可。

提示： 除了快速启动栏外，从图 2-22 左图中可以看出，用户还可以在任务栏上启用链接栏、语言栏、桌面栏等。其中，语言栏用于切换输入法；链接栏用于快速到指定的页面；桌面栏用于快速访问桌面上的图标。

2.6.2 隐藏任务栏

用户在计算机的使用过程中，经常会遇到这种情况：全屏显示的窗口的状态栏被任务栏所覆盖，不能查看状态栏信息。这时，用户就需要隐藏任务栏，使窗口真正全屏显示。另外，对于一个干净漂亮的桌面来说，任务栏可能极大地影响到用户的视觉效果，这时也需要将其隐藏起来。

要隐藏任务栏，在任务栏中空白处右击，从弹出的快捷菜单中选择【属性】命令，打开【任务栏和[开始]菜单属性】对话框，并在【任务栏】选项卡中选中【自动隐藏任务栏】复选框即可，如图 2-23 所示。

图 2-23 隐藏任务栏

2.6.3 移动任务栏

在默认情况下，任务栏的默认位置位于桌面的底部。根据个人爱好和需要，用户可以把它移动到桌面的顶部、左侧或右侧。如果要移动任务栏，必须先确保当前的任务栏没有被锁定，即在图 2-23 所示的【任务栏】选项卡中禁用【锁定任务栏】复选框，然后再将鼠标指针指向任务栏上没有按钮的位置，按住鼠标左键不放并拖动任务栏，当把任务栏拖动至桌面的任何一个边界处时，屏幕上将出现一条阴影线，指明任务栏的当前位置。用户确认拖动位置符合自己的要求后，释放鼠标，即可改变任务栏的当前位置。在桌面的使用过程中，用户可以随时移动任务栏。

2.6.4　改变任务栏的大小

当打开的应用程序处于最小化状态时，它们就会以图标按钮的形式出现在任务栏内。如果处于最小化状态的应用程序比较多，那么图标按钮就会变小，甚至无法看清。此时，用户可以调整任务栏的大小，以便所有的内容都可以在任务栏中清楚地显示出来。

用户要改变任务栏大小，可将鼠标移动至任务栏的边缘处，这时鼠标指针将变为双箭头形状，然后按下并拖动鼠标至合适的位置，释放鼠标，如图 2-24 所示。经过上述步骤的操作，用户即可改变任务栏的默认大小。当任务栏的大小发生变化时，位于任务栏上的图标按钮的大小也随之发生变化。当任务栏位于屏幕的左、右两侧时，缩小后的任务栏上有可能无法看到图标按钮的名称，但只要将鼠标指向该按钮，即可在指针处出现该按钮的名称说明。

图 2-24　改变任务栏的大小

2.6.5　分组相似任务栏

当在 Windows XP 操作系统下打开多个窗口时，任务栏将把同一类窗口合并为一组。如果要对其中的某个窗口进行操作，只要单击相应的分组按钮，从弹出的窗口列表中单击相应的窗口标题即可。

注意： 如果用户在图 2-23 所示的【任务栏】选项卡中禁用了【分组相似任务栏按钮】复选框，则任务栏中的窗口按钮将不分组显示。

2.7　使 用 窗 口

Windows 以"窗口"的形式来区分各个程序的工作区域。在 Windows XP 中，无论用户打开磁盘驱动器、文件夹，还是运行应用程序，系统都会打开一个窗口，用于执行相应的工作。因此，窗口是 Windows 操作系统中的重要组成部分，窗口的操作及管理是用户在使用计算机过程中必须掌握的。

2.7.1　窗口的组成

窗口是 Windows 图形界面最显著的外观特征。大部分窗口都由一些相同的元素组成，最主要的元素包括标题栏、工具栏、地址栏、工作区域及状态栏等。例如，双击桌面上的【我的电脑】图标，就可以打开【我的电脑】窗口，如图 2-25 所示，这就是一个标准的Windows 窗口。

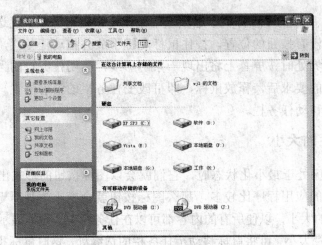

图 2-25　【我的电脑】窗口

【标题栏】：位于窗口的最上部，它显示了当前窗口的名称，左侧有控制菜单按钮，右侧有最小、最大化或还原以及关闭按钮。

【菜单栏】：在标题栏的下面，它提供了用户在操作过程中要用到的各种工具和命令。

【工具栏】：在其中包括了一些常用的功能按钮，用户在使用时可以直接从上面选择。

【地址栏】：显示当前窗口的地址，用户可以单击右侧的按钮，在弹出的列表中选择路径，方便用户快速地浏览文件。在局域网中，某个用户可以直接单击地址栏，输入需要访问的计算机用户名，快速连接至该计算机上。

【工作区域】：它在窗口中所占的比例最大，用于显示应用程序界面或文件内容。【我的电脑】窗口中左侧有 3 个窗格：【系统任务】、【其它位置】和【详细信息】。根据用户在窗口中选定项目的不同，各个窗格的名称和其中的内容会自动发生变化，即始终显示与选定项目联系最紧密的操作命令和信息。选定窗口中的一个项目后，移动鼠标指针至窗格的任意一个命令上，然后单击，该命令将被执行。

【状态栏】：位于窗口的最下方，显示了当前有关操作对象的一些基本情况。

2.7.2　打开窗口

在 Windows XP 系统的桌面上，如果使用鼠标来打开窗口，可有两种选择：第一种是双击准备打开的窗口图标，即可直接打开相应的窗口，这是最常用的方法；第二种就是右击准备打开的窗口图标，从弹出的快捷菜单中选择【打开】命令。一般用户都使用第一种方法来打开程序，但是，如果用户要查看有自动运行功能的光盘上的内容时，就需要使用第二种方法，因为第一种方法将启动自动运行程序。

当用户在桌面上打开多个窗口之后，按下 Alt+Tab 组合键直到目标窗口的图标被启用，释放 Alt+Tab 组合键之后，被启用的窗口自动成为当前窗口。而在打开的窗口内，按 Alt+减号键的组合键即可打开窗口的控制菜单。另外，通过键盘与鼠标的配合，也可以打开目标窗口。例如打开窗口的控制菜单之后，既可用键盘选择其中的命令项，也可用鼠标单击选择该命令项。

2.7.3 窗口的最大化、最小化或还原和关闭

要使窗口收缩至 Windows XP 的任务栏，可单击窗口标题栏上的【最小化】按钮▬；要关闭窗口，实际上也就是退出应用程序，可单击【关闭】按钮✕；如果希望将窗口放大到最大，可单击【最大化】按钮▢，窗口最大化后，【最大化】按钮将被【还原】按钮▣替代，单击该按钮，窗口将恢复至原始状态。

提示： 如果用户想快速退出窗口或应用程序，可以按 **Alt+F4** 组合键，在关闭应用程序时，系统会提示用户对数据进行保存。

2.7.4 移动窗口的位置

如果希望移动窗口的位置，可将光标移至窗口的标题栏，然后单击并将窗口拖放至目标位置即可，如图 2-26 所示。移动窗口时，窗口不能处于最大化或最小化状态。

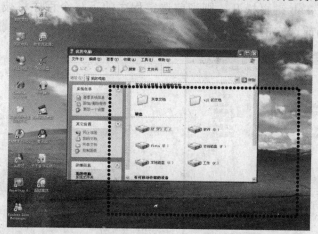

图 2-26 移动窗口的位置

2.7.5 改变窗口的大小

用户有时会发现打开的窗口太小，挡住了所要阅览的内容。这时可以通过拉伸或收缩的方式来改变窗口的大小。改变窗口的大小只需将鼠标指针移动到窗口四周的边框上，当鼠标指针呈现出不同的形状(↕ ↔ ↖ ↗)时，按住鼠标左键不放进行拉伸或收缩即可。

2.7.6 滚动窗口中的内容

窗口的右侧和下方分别有一个垂直滚动条和一个水平滚动条，当文档内容过多或图片尺寸过大，窗口中显示不完全时，可通过单击滚动条两端的按钮▲、▼或◀、▶来移动文档，从而使要观察的内容出现在窗口中。如果要快速滚动窗口内容，可将光标移至滚动条的滑块上，然后上下或左右拖动即可。

2.7.7 切换窗口

作为多任务操作系统， Windows XP 的多任务处理机制更为强大和完善，而系统的稳定性也大大提高。用户可以一边用 Word 处理文件，一边用 CD 唱机听 CD 乐曲，还可以

同时上网收发电子邮件,只要有足够快的 CPU 和内存,甚至还可以再运行一些其他的程序。这就需要用户在不同窗口之间任意切换来同时进行不同的工作。

- 使用任务栏:前面已经介绍过,在任务栏处单击代表窗口的图标按钮,即可将相应的窗口切换为当前窗口。
- 使用任务管理器:同时按下 Ctrl+Alt+Del 组合键,在打开的【Windows 任务管理器】窗口中切换到【应用程序】选项卡,如图 2-27 左图所示。在该选项卡的【任务】列表中选中所需要的程序,并单击【切换至】按钮。
- 使用 Alt+Tab 组合键:要快捷地切换窗口,可使用 Alt+Tab 组合键。用户同时按下 Alt 和 Tab 键,然后松开 Tab 键后,屏幕上会出现任务切换栏,如图 2-27 右图所示。在此栏中,系统当前正在运行的程序都以相应图标的形式平行排列出来,文本框中的文字显示的是当前启用程序的简短说明。在此任务切换栏中,按住 Alt 键不放的同时,按一下 Tab 键再松开,则当前选定程序的下一个程序将被启用,再松开 Alt 键就切换到当前选定的窗口中了。

图 2-27　切换窗口或任务

2.7.8　窗口的排列

在计算机的使用过程中,用户经常需要打开多个窗口,并通过前面介绍的切换方法来激活一个窗口进行管理和使用。但是,有时用户需要在同一时刻打开多个窗口并使它们全部处于显示状态,例如,需要从一个窗口向另一个窗口复制数据。此时便涉及到窗口的排列显示问题,在任务栏的空白处右击,从弹出的快捷菜单中可以发现,Windows XP 提供了 3 种排列方式:层叠窗口、横向平铺窗口、纵向平铺窗口,如图 2-28 所示。

1. 层叠窗口

在该排列方式下,所有打开的窗口的标题栏都显示在 Windows 桌面上,如图 2-29 所示。当用户希望把其中一个被掩盖住的窗口设定为当前窗口时,单击这个窗口的标题栏,这个窗口将会被提升到这串层叠起来的窗口的最上面。

2. 横向平铺窗口

在该排列方式下,系统将适当地重新确定窗口的大小并以横向的方式排列窗口,如图 2-30 所示。这种平铺方式虽然显示了每一个打开的窗口,但是有一定的局限性,即系统把图中的 3 个打开的窗口在屏幕上放置好后，便无法再为这 3 个窗口中的任何一个显示更多的内容。

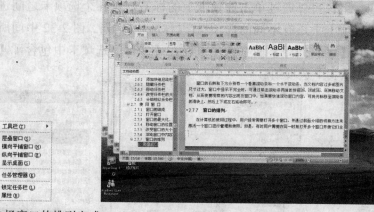

图 2-28　选择窗口的排列方式　　　　　　　　图 2-29　层叠窗口

3. 纵向平铺窗口

在该排列方式下，系统将纵向平铺所有打开的窗口，如图 2-31 所示。纵向平铺窗口不利于用户使用窗口的菜单栏和工具栏，但可以查看部分窗口信息。当用户需要同时在多个窗口之间操作时，可使用这种窗口排列方式。

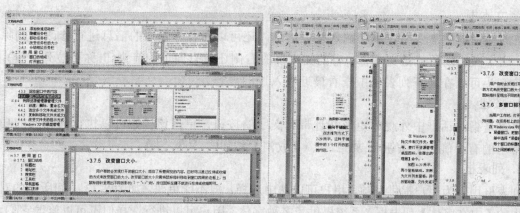

图 2-30　横向平铺窗口　　　　　　　　　　　图 2-31　纵向平铺窗口

2.8　使用对话框

在 Windows 操作系统中，对话框类似于窗口，它是用户与程序进行交流的接口。与窗口不同，对话框不能最大化和最小化，也不能改变大小。此外，对话框还包含标签、选项卡、按钮、单选按钮、复选框、文本框等特殊组件，图 2-32 显示了几种常见对话框的样子。

1. 标题栏

标题栏位于对话框的顶端。不同于窗口的是，标题栏的左侧显示了该对话框的名字，右侧只有一个【关闭】按钮。有的还有一个【帮助】按钮，单击该按钮，会打开与该对话框相关的帮助信息。

2. 选项卡和标签

一些复杂的对话框都是由多个选项卡所组成的，并且每个选项卡上都注明了标签，便于用户区分它们。用户可以通过单击选项卡上的标签，在各个选项卡之间进行切换来查看不同的内容。在选项卡上还有不同的选项组(也称选项区域)。图 2-32 中间所示的对话框中包含了【字体】和【字符间距】两个选项卡，在【字体】选项卡中包含了【所有文字】、【效果】和【预览】3 个选项组。

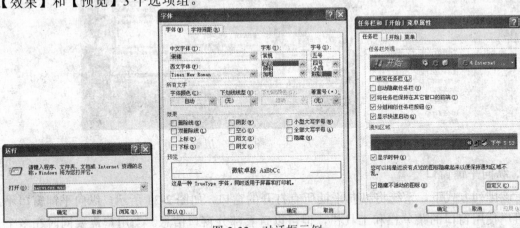

图 2-32　对话框示例

3. 文本框

有的对话框中需要用户手动输入某项信息，还可以对各种输入的信息进行修改和删除操作，这个操作场所就是文本框。有的文本框的右侧还带有向下的箭头(也称下拉列表框)，单击该箭头可以在展开列表框中查看最近输入过的内容。

4. 按钮

按钮是指对话框中外观为矩形并且带有文字的按钮，单击该按钮可以执行其相应的功能。常用的有【确定】按钮 确定 、【取消】按钮 取消 等。

5. 列表框

列表框用于为用户提供选项，用户可以从中选择，但不能更改。如图 2-32 中间所示的对话框中的【中文字体】列表框，系统提供了多种字体，用户可以进行选择但不可以修改它们。

6. 单选按钮

单选按钮 标记为一个透明的小圆形，其后面还带有相关的说明性文字。选中单选按钮后，在圆形中间会出现一个蓝色透明状圆点。通常在对话框中包含一组单选按钮，选中其中一个后，其他的单选按钮就不可再选中，即它具有唯一性。

7. 复选框

复选框 标记为一个透明的小正方形，其后面也带有相关的说明性文字。当用户选中复选框后，在正方形中间会出现一个蓝色的标志。当出现一组复选框时，用户可以任意选择多个复选框。

8. 微调按钮

有的对话框中还有微调按钮，它是由文本框和右侧的向上、向下两个箭头组成的。用户可以单击该箭头来增加或减少数值。

2.9　使用系统帮助

Windows XP 的帮助系统提供了一系列的帮助主题和任务，以帮助用户解决 Windows XP 使用过程中所遇到的问题。单击【开始】按钮，在打开的【开始】菜单中单击【帮助和支持】命令，即可打开 Windows XP 的帮助系统，如图 2-33 所示。

在 Windows XP 帮助系统的【选择一个帮助主题】列表框中单击所需的帮助主题，可以看见该主题的详细内容分类。用户只需单击主题链接就可将其展开，对于不能展开的主题链接，单击之后，右边的窗口中会显示出与该主题链接相关的内容，如图 2-34 所示。

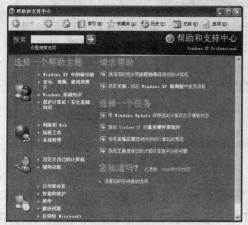
图 2-33　Windows XP 的帮助系统

图 2-34　显示帮助的具体信息

如果用户想查找与某关键字相关的帮助内容，可在【搜索】文本框中输入所需的搜索内容，并单击➡按钮。例如，如果需要搜索有关键盘方面的内容，即可以在【搜索】文本框中输入"键盘"，然后单击➡按钮，列表框中就会列出所有带有"键盘"关键字的相关主题。选择一个相关主题后，在窗口右侧即显示出有关该主题的详细内容，如图 2-35 所示。

在【帮助和支持中心】页面中单击【索引】按钮，将打开【帮助和支持中心】的【索引】页面，如图 2-36 所示。在该窗口的【键入要查找的关键字】文本框中输入所需的帮助内容，也可以进行查找。

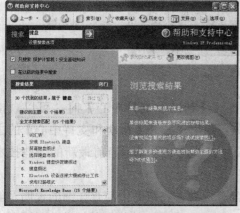
图 2-35　查找与键盘相关的帮助内容

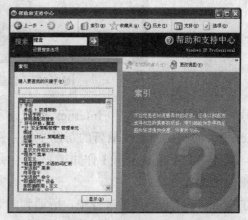
图 2-36　【索引】页面

在【帮助和支持中心】页面中单击【支持】按钮,将打开【帮助和支持中心】的【支持】页面,如图 2-37 所示。在此页面中,用户可以查找有关系统支持的 MSN 服务中心,以获取具体的帮助支持服务。

在【支持】页面中,除了可以获取相应的软硬件帮助支持之外,单击【相关主题】列表框中的【"我的电脑"信息】超级链接,还可以查看计算机的一些具体信息,如图 2-38 所示。

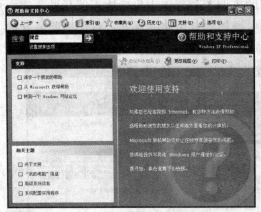 

图 2-37 【支持】页面   图 2-38 查看计算机信息

在【帮助和支持中心】页面中单击【选项】按钮,将打开如图 2-39 所示的【帮助和支持中心】的【选项】页面。在此页面中左侧的【选项】列表中单击【更改帮助和支持中心选项】超级链接,还可以让用户自定义中文版 Windows XP 中帮助的各种显示方式。

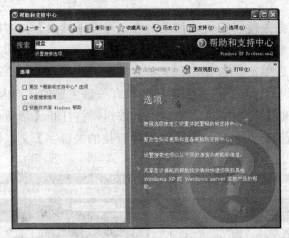

图 2-39 【选项】页面

另外,当用户在连接到 Internet 的状态下打开【帮助和支持中心】时,可以直接从 Internet 相关的网站上查找最新的帮助主题。例如,当用户打开【帮助和支持中心】的主页面时,就会在右下角显示出【你知道吗】区域,并在该区域中显示当前最新的一些技术动态及相关的配置方法。

在 Windows XP 的使用过程中,所遇到的大部分问题,在帮助中都有详细的说明及解决方法。利用好 Windows XP 强大的帮助系统,可以帮助用户迅速地掌握其操作方法及技巧。

为何我的帮助系统无法启动？

这可能是由于用户的该服务没有启动。可右击桌面上的【我的电脑】图标，从弹出的快捷菜单中选择【管理】命令，打开【计算机管理】窗口。展开左侧树结构中的【服务和应用程序】节点，选中该节点下的【服务】子节点。在右侧窗口中找到并双击【Help and Support】服务，在打开的对话框中启动该服务即可，如图 2-40 所示。完成后关闭【计算机管理】窗口，重新启动帮助系统即可。

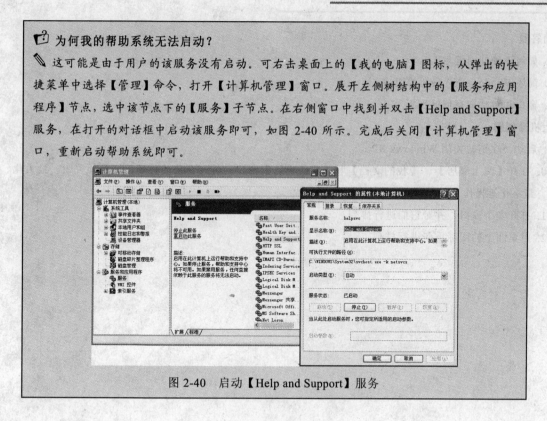

图 2-40　启动【Help and Support】服务

本 章 小 结

本章介绍的都是用户使用 Windows XP 所必须了解和掌握的最基础知识，包括系统的启动、注销和关闭，鼠标和键盘的用法，Windows XP 的桌面环境，窗口和对话框的用法等。用户在使用 Windows XP 的过程中，如果遇到问题，还可以通过帮助和支持中心获取解决方法。下一章向读者介绍汉字的输入方法和字体文件的安装。

习 题

填空题

1. 启动 Windows XP 后，呈现在用户面前的整个屏幕区域称为_____。

2. Windows XP 下方的任务栏由 3 个部分组成，分别是【开始】菜单、_____和_____。

3. 要全屏显示窗口，用户可将任务栏_____。

4. 为了查看到更多的信息，用户往往需要_____窗口。而当用户暂时不想使用某个已经打开的窗口时，可将其_____，以免影响对其他窗口或者桌面的操作。

5. 系统会自动将窗口按照适当的大小排列在桌面上，排列的方式包括 3 种：_____、_____和_____。

简答题

6. 如何正确使用键盘？

7. 简述 Windows XP 桌面的组成。

8. 窗口和对话框有何区别？

上机操作题

9. 启动、注销、关闭 Windows XP。

10. 打开【网上邻居】、【我的文档】和【我的电脑】窗口，练习窗口的移动、切换、关闭、最大化、最小化等操作。

11. 打开多个窗口，并对它们进行排列。

12. 对桌面上的图标重新进行排列。

第 3 章

使用输入法和字体

本章介绍 Windows XP 下如何进行文字的输入，这是进行各种信息处理的前提。通过本章的学习，应该完成以下**学习目标**：

- ☑ 了解输入法的语言栏
- ☑ 学会添加或删除 Windows XP 自带的输入法
- ☑ 学会切换输入法
- ☑ 学会为输入法定义快捷键
- ☑ 掌握微软拼音输入法
- ☑ 了解五笔输入法和手写输入法
- ☑ 学会在系统中安装字体文件

3.1 中文输入法简介

中文输入法是进行中文信息处理的前提和基础。根据汉字编码方式的不同，可以将中文输入法分为以下 3 类。

- 音码：通过汉语拼音来实现输入，如微软拼音输入法、搜狗拼音输入法等。对于大多数用户来说，这是最容易学习和掌握的输入法。但是，这种输入法需要的击键和选字次数较多，输入速度较慢。
- 形码：通过字形拆分来实现输入，如五笔字型输入法。这种输入法在使用键盘输入的输入法中是最快的。但是，需要用户掌握拆分原则和字根，不易掌握。
- 音形结合码：利用汉字的语音特征和字形特征进行编码，音形码输入法需要记忆部分输入规则，也存在部分重码。

这 3 类输入法各有各的优点和缺陷，大家可以结合自身的特点尝试和选择最适合自己的输入法。

3.1.1 认识输入法的语言栏

在 Windows XP 操作系统中，默认情况下，桌面右下角的任务栏上方会悬浮一个输入状态工具栏，即语言栏，如图 3-1 所示。

图 3-1 输入法的语言栏

语言栏上各按钮的说明如下：
- 输入法选择图标按钮▦：用于选择输入法。
- 帮助按钮▨：提供给用户相关的帮助信息。
- 选项按钮▾：其他相关设置。
- 最小化按钮▬：可以将语言栏最小化至任务栏上。

3.1.2　添加或删除 Windows XP 自带的输入法

在默认情况下，Windows XP 操作系统提供了 6 种汉字输入法，它们分别是微软拼音输入法、全拼输入法、双拼输入法、智能 ABC 输入法、区位输入法和郑码输入法。用户可以根据自己的习惯和需要，添加或删除一种或几种输入法。

例 3-1 在 Windows XP 系统中添加或删除输入法。

❶ 在任务栏的语言栏上右击，在弹出的快捷菜单中选择【设置】命令，打开【文字服务和输入语言】对话框，如图 3-2 所示。

❷ 单击【已安装的服务】选项组中的【添加】按钮，打开【添加输入语言】对话框，如图 3-3 所示。

❸ 在【输入语言】下拉列表框中选择待添加的输入语言，在【键盘布局/输入法】下拉列表框中选择待添加的键盘布局/输入法。

❹ 单击【确定】按钮，返回【文字服务和输入语言】对话框，完成输入法的添加。

❺ 在【已安装的服务】选项组的列表框中选中某种输入语言，然后单击【删除】按钮即可在列表中删除该输入语言。

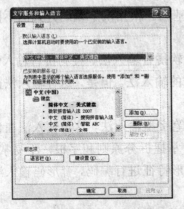

　　图 3-2　【文字服务和输入语言】对话框　　图 3-3　【添加输入语言】对话框

3.1.3　选择和切换输入法

在输入汉字之前，必须选择好输入法。由于不同的输入法的输入方式各有不同，因此用户必须选择一种自己熟悉的输入法。用户可以单击输入法语言栏的输入法选择图标按钮，从弹出的输入法列表中选择要使用的，如图 3-4 所示。

选择了一种输入法后，便会自动打开该输入法的状态条，图 3-5 所示是选择了微软拼音输入法后的状态条。

　　在汉字的输入过程中，如果用户想切换到其他输入法，可再次单击输入法选择图标，从输入法列表中重新进行选择。也可以使用 Ctrl+Shift 组合键来快速切换输入法，Ctrl+Shift 组合键采用循环切换的形式，在各个中文和英文输入方式之间依次进行转换。

图 3-4　选择输入法　　　　图 3-5　微软拼音输入法的状态条

　　提示：在 Windows 环境中，用户可以使用 Ctrl+Space 组合键来启动或关闭中文输入法。

3.1.4　为输入法设置快捷键

　　在 Windows XP 操作系统中，用户可以通过热键切换输入法。下面以设置微软拼音输入法的快捷键为例，向用户介绍定义输入法快捷键的方法。

　　例 3-2　将微软拼音输入法的快捷键设置为 Ctrl+Shift+1。

　　❶ 右击桌面右下角中的输入法选择图标，从弹出的快捷菜单中选择【设置】命令，打开【文字服务和输入语言】对话框。

　　❷ 在【设置】选项卡下的【已安装的服务】选项组中选中【微软拼音输入法 2007】选项。

　　❸ 在【首选项】选项区域中单击【键设置】按钮，打开【高级键设置】对话框，如图 3-6 所示。

　　❹ 在【输入语言的热键】列表中选择要设置热键的输入法选项，本例选择【切换至 中文(中国) – 微软拼音输入法 2007】选项，然后单击【更改按键顺序】按钮，打开【更改按键顺序】对话框，如图 3-7 所示。

图 3-6　【高级键设置】对话框　　　图 3-7　【更改按键顺序】对话框

　　❺ 选中【启用按键顺序】复选框，再选择 CTRL 单选按钮，在【键】下拉列表中选择 1，然后单击【确定】按钮，即可将微软拼音输入法的快捷设置为 Ctrl+Shift+1。

3.1.5　设置输入法语言栏的透明度

　　语言栏悬浮于任务栏上方时，用户无法查看被语言栏遮住的内容，影响用户的视线。用户可以将语言栏设置为透明，只需右击语言栏的输入法选择图标，从弹出快捷菜单中打开【透明度】命令即可，如图 3-8 所示。

图 3-8　将语言栏设置为透明

3.2　使用微软拼音输入法

微软拼音输入法是一款遵循以用户为中心的设计理念而设计的多功能汉字输入工具。它基于语句的连续转换方式，使得用户可以不间断地输入整句话的拼音，而不必关心分词和候选，这样既保证了思维流畅性，又提高了输入效率。此外，微软拼音输入法还提供了诸如自学和自造词等多种功能。

3.2.1　认识微软拼音输入法的状态条

微软拼音输入法的状态条如图 3-9 所示。

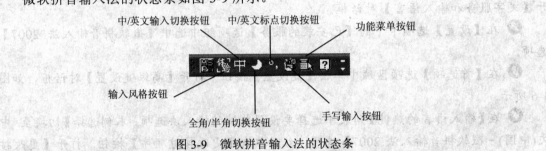

图 3-9　微软拼音输入法的状态条

1. 微软拼音输入法图标按钮

图 3-9 中，当前状态下显示的是微软输入法的图标，单击此图标按钮，从弹出快捷菜单，用户可以选择另一种输入法。

2. 输入风格按钮

输入风格图标按钮上显示"体验"二字，说明微软输入法与之前 Windows 版本的不同之处是新的体验，单击此按钮会显示快捷菜单，用户可以根据需要选择特性功能，如"微软拼音经典"及"微软拼音新体验"等，如图 3-10 所示。

3. 中/英文标点切换按钮

单击【中/英文输入切换】按钮，可以在中文和英文输入法状态之间进行切换。当该图标显示为"中"时，说明当前可以输入中文；显示为"英"时，说明此时可以输入英文。要在中文输入和英文输入间切换，只需单击【中/英文输入切换】按钮即可，图 3-11 显示的是英文输入状态。

4. 全角/半角切换按钮

图 3-9 中的输入法处于半角输入状态，全角输入状态如图 3-12 所示。在全角输入状态下，输入的字母、字符或数字均占一个汉字的位置(即两个字符)；在半角输入状态下，输入的字母、字符和数字只占半个汉字的位置(即一个字符)。

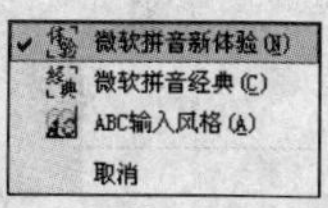

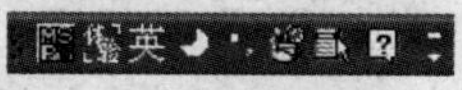

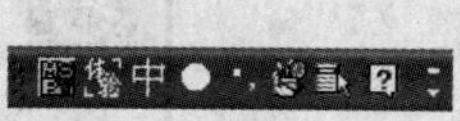

图 3-10　选择特性功能　　图 3-11　英文输入状态　　图 3-12　全角输入状态

5. 中/英文标点切换按钮

中/英文标点图标按钮用来在中文标点符号和英文标点符号之间进行切换。不同的标点状态输入的标点符号有很大的区别：标点符号处于中文状态时，表示输入的是全角中文标点，此时输入的标点以中文方式为准，每个标点占据两个字符(即一个汉字)；标点符号处于英文状态时，表示输入是的半角英文标点，此时输入的标点以英文方式为准，每个标点占据一个字符(即半个汉字)。

6. 功能菜单按钮

用户可以通过功能菜单按钮进行相关的操作，如打开软键盘、内码输入及帮助等。

3.2.2　输入汉字

对于单字，用户可以选择全拼输入方式，即输入整个汉字的拼音字母，按空格键即可输入。对于词组，用户除了可以使用全拼来输入外，还可以通过简拼输入来加快输入过程。微软拼音输入法特别适合整句的输入，用户可以连续输入多个字和词语后，再对其中的一些字或词进行修改，以符合句子的需要。

当用户在使用微软拼音输入时会发现未确认输入之前，字词或者句子下面会显示一条虚线，表示本次输入仍未结束，如图 3-13 所示。

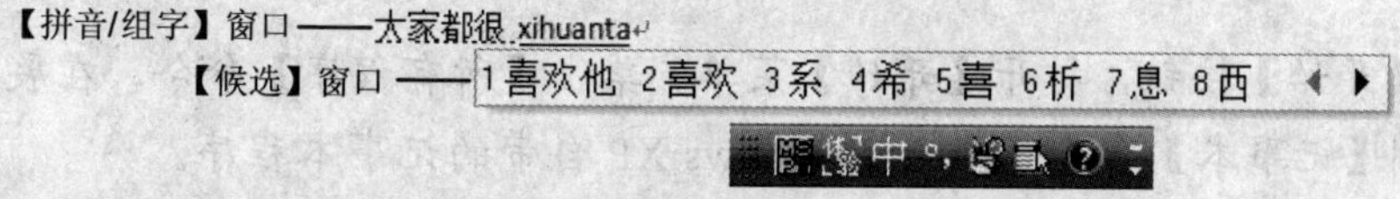

【拼音/组字】窗口——太家都很_xihuanta

【候选】窗口——1喜欢他 2喜欢 3系 4希 5喜 6析 7息 8西　◀ ▶

图 3-13　使用微软拼音进行中文输入

只有用户再次按空格键进行确认后才可以消除虚线并完成输入。为了能够更正未确认的汉字或词组，用户可以将光标移至要修改处，微软拼音输入法会自动弹出一个选择条，其中包含了可供选择的汉字或词组，然后按其对应的数字键即可。当整个句子中的字和词组都正确后，可以按空格键完成整个输入。

3.2.3　使用自造词工具

对于用户经常使用到的而微软拼音输入法词典中没有的词语，可以将它们添加到用户自造词词典中。这些自定义的词语将和微软拼音输入法词典中的词语一同出现在候选窗口中。

例 3-3　使用微软拼音输入法的自造词工具造词"花开堪折直须折"。

❶ 单击微软拼音输入法状态条中的【功能菜单】按钮，在弹出的快捷菜单中选择【自造词工具】命令，打开【微软拼音输入法自造词工具】窗口，如图 3-14 所示。

图 3-14 【微软拼音输入法自造词工具】窗口

❷ 选择【编辑】|【增加】命令，打开【词条编辑】对话框，如图 3-15 所示。在【自造词】文本框中输入"花开堪折直须折"，在【快捷键】文本框中输入"hkkzzxz"。

❸ 单击【确定】按钮，关闭对话框，返回至【微软拼音输入法自造词工具】窗口。此时窗口中显示刚才创建的词语的快捷键，如图 3-16 所示。

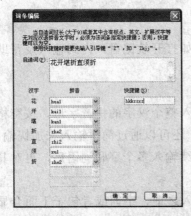

图 3-15 【词条编辑】对话框   图 3-16 自造词将其快捷键

❹ 单击【开始】按钮，打开【开始】菜单。单击【所有程序】命令，在展开的菜单中选择【附件】|【记事本】命令，打开 Windows XP 自带的记事本程序。

❺ 选择微软拼音输入法，先输入引导键"`"(`为数字 1 键左侧的按键)，然后输入快捷键"`zhkkzzxz"，如图 3-17 左图所示。按空格键，即可输入自造词"花开堪折直须折"，如图 3-17 右图所示。

图 3-17 使用自造词

❻ 单击记事本标题栏上的【关闭】按钮，系统会提示用户是否进行保存，单击【否】按钮不进行保存，并退出记事本程序。

3.2.4 设置微软拼音输入法

通过对微软拼音输入法进行一些简单的设置，可极大方便用户的输入。

1. 开启中英文输入功能

中英文混合输入是微软拼音输入法中最典型的输入模式。在此模式下，可以连续地输入英文单词和汉语拼音，而不必切换中英文输入状态。

要开始中英文输入功能，可右击微软拼音输入法状态条，在弹出的菜单上选择【设置】命令，打开【文本服务和输入语言】对话框。在【设置】选项卡下的【已安装的服务】选项组中选中【微软拼音输入法 2007】选项。然后单击【属性】按钮，打开【微软拼音输入法输入选项】对话框，如图 3-18 所示。

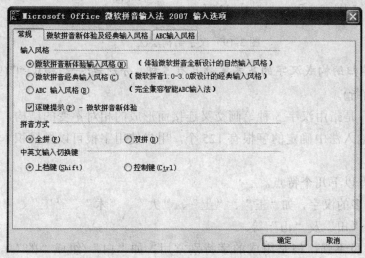

图 3-18　【微软拼音输入法输入选项】对话框

在【常规】选项卡的【拼音方式】选项组的下拉列表框中选择【支持中/英文混合输入】选项，单击【确定】按钮，即可使设置生效。

2. 开启逐键提示功能

微软拼音输入法的整句转换方式虽然能够满足绝大部分用户汉字输入的需要，但在有些情况下，词语的转换方式反而更灵活便利，如填写电子表格、输入非完整的句子或短语等。在这些情况下，没有足够的上下文信息提供整句转换，词语转换更能胜任。在逐键提示状态下，文字候选窗口始终打开，它列出了微软拼音输入法根据上文预测用户即将输入的内容，上文的内容以灰色字体显示。

要开启逐键提示功能，用户只需重新打开【微软拼音输入法输入选项】对话框，在【常规】选项卡的【输入风格】选项区域选中【逐键提示】复选框，并单击【确定】按钮使设置生效即可。

3.3　关于五笔输入法

五笔输入法是由我国计算机专家王永民先生发明的，又称"王码"输入法。五笔是一种以拆分汉字的形式，以字形为输入依据的形码输入法。因此，五笔输入法是专业录入人员普遍使用的一种输入法。

3.3.1 汉字的结构特征

汉字是由字根和笔画拼合而成的，或者说是由较小的块拼合而成的。所谓的较小的块，就是如"弓"、"长"等字根，它是构成汉字的最基本单位。人们常言"弓长张"，这里的"弓"、"长"就是字根，两者合拼成为"张"。五笔字型的字根共有 125 个，而字根又是由笔画构成的。因此汉字的结构分为 3 个层次，如图 3-19 所示。

图 3-19　汉字结构层次

提示：经科学归纳构成汉字的基本笔画只有 5 种，分别是"一"(横)、"丨"(竖)、"丿"(撇)、"、"(捺)、"乙"(折)。

所谓的字根，是指由汉字 5 种笔画交叉连接而形成的相对不变的结构，它是构成汉字的部件。在五笔输入法中确定的字根有 125 个，用户使用字根可以像搭积木那样组合出全部的汉字及词汇。

字根一般具有以下几个特点。

- 能组成很多的汉字，如"王"、"土"、"大"、"木"、"工"、"目"、"日"、"口"、"田"及"山"等。
- 组字能力虽不强，但是组成的字特别常用，如"白"(组成"的")，"西"(组成"要")等。
- 绝大部分字根几乎都是汉字的偏旁部首，如"人"、"口"、"手"、"金"、"木"、"水"、"火"及"土"等。

所谓的字型，是指构成汉字的各个基本字根在整个字中所处的位置关系。汉字是一种平面文字，同样，几个字根的字型不同，组成的字也不同，如"叭"和"只"，"旧"和"申"等。字型决定了汉字的构成。

根据构成汉字的各字根之间的位置关系，可以把成千上万的汉字分为左右型、上下型和杂合型 3 种。根据各类拥有汉字的数量顺序命名为 1、2、3 代号，如表 3-21 所示。

表 3-1　汉字的 3 种字型结构

字型代号	字　　型	字　　例	特　　征
1	左右型	汗、村、伯、状、构	字根之间有间距，总体左右排列
2	上下型	否、字、华、志、示	字根之间有间距，总体上下排列
3	杂合型	困、包、太、道、司、果、凶、这	字根之间虽有间距，但不分上下左右，浑然一体

3.3.2 字根在键盘上的布局

五笔字型的基本字根(含 5 种单笔画)，共有 125 个。将这些字根按其第一个笔画的类别，各对应键盘的一个区，但又考虑字根的第二个笔画，再分作 5 个组，便形成 5 个区，每个区有 5 个组，即 5×5=25 组，每一组对应键盘上的一个字母键。该键盘的组号从键盘中部起向左右两端排列，这就是分区划位的五笔字型字根键盘。

3.3.3　拆字规则

五笔输入法中，拆字的规则为"书写顺序"、"取大优先"、"兼顾直观"、"能连不交"及"能散不连"。这些规则的说明如下。

- 书写顺序：拆分汉字时，一定要按照正确的汉字书写顺序进行，如"夷"应该拆分为"一、弓、人"，而不能拆成"大、弓"。
- 取大优先：按照书写顺序拆分汉字时，应以再添加一个笔画便不能成为字根为限，每次都拆取一个尽可能比划多的字根。
- 兼顾直观：在拆分汉字时，为了考虑汉字字根的完整性，有时不得不放弃"书写顺序"和"取大优先"规则，形成个别例外情况。
- 能连不交：当一个汉字既可以拆分成相连的几个部分，也可以拆分成相交的几个部分时，在这种情况下相连的拆字法是正确的，如"于"应该拆分为"一、十"(相连)，不能拆分为"二、|"(相交)。
- 能散不连：当汉字被拆分的几个部分都是复笔字根(不是笔画)时，它们之间的关系既可以为"散"，也可以为"连"时，按"散"拆分。

由于篇幅所限，关于五笔输入的介绍就到这里，有兴趣的用户请参阅五笔字型的专业书籍，上面有更详细的介绍。

3.4　关于手写输入法

手写输入法的出现，可以帮助那些不习惯使用键盘输入的用户提高输入效率。用户在使用手写输入法输入时，要有一套手写输入设备和一款手写输入软件。

手写输入设备一般包括一杆手写笔和一块手写板，如图 3-20 所示。用户在安装手写输入设备前，应先关闭计算机，将手写板数据线另一端的九针方口插在计算机主机的 COM1(或 COM2)口上，拧紧螺丝，然后启动计算机，并安装相应的手写输入设备驱动。

图 3-20　手写输入设备

在安装完手写输入设备后，用户还必须安装一款手写输入软件，才能使用手写输入法进行输入操作。一款优秀的手写输入软件可以大幅度提高输入效率。现在使用较多的手写输入法有慧视，微软拼音输入法也支持手写输入。这些手写输入法一般都具有输入单字、输入词吾、全屏输入、校对文本、设置抬笔等待时间、画笔颜色和校对方式等功能。用户可以选择安装其中一款手写输入软件，以配合手写输入设备，进行手写输入操作。

3.5 安装和使用字体文件

Windows XP 系统自带有一些字体，但这满足不了用户输入和打印文档时的一些特殊需求，为了得到一些特殊格式的字体效果，用户就需要在计算机中安装这些字体文件。

例 3-4 安装并使用"方正大黑简体"字体。

❶ 单击【开始】按钮，在打开的【开始】菜单中单击【控制面板】命令，打开【控制面板】窗口，如图 3-21 所示。

❷ 单击【外观和主题】链接，打开【外观和主题】窗口，如图 3-22 所示。

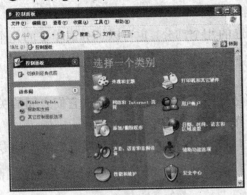

图 3-21 【控制面板】窗口

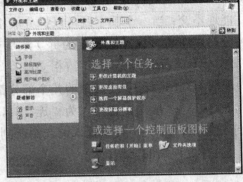

图 3-22 【外观和主题】窗口

❸ 在左侧的【请参阅】窗格下单击【字体】链接，打开【字体】窗口。选择【文件】|【安装新字体】命令，打开【添加字体】对话框，如图 3-23 所示。

❹ 选择字体所在文件夹路径后，在【字体列表】列表框中，选中需要安装的【方正大黑简体】字体，单击【确定】按钮，系统自动安装字体。

❺ 字体安装完成后，【字体】窗口中会显示已经安装的字体文件，如图 3-24 所示。

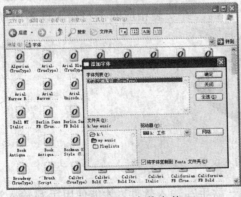

图 3-23 安装字体

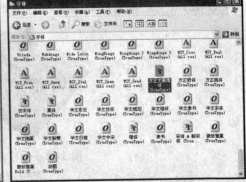

图 3-24 安装后的字体

提示： 由于字体文件通常都比较小，用户也可以直接将其复制到 Windows XP 的字体文件夹，快速完成字体的安装。字体文件夹的路径为 C:\WINDOWS\Fonts。

❻ 关闭【字体】窗口。单击【开始】按钮，在打开的【开始】菜单中单击【所有程序】命令，在展开的菜单中选择【附件】|【写字板】命令，启动写字板程序。

❼ 将输入法切换至微软拼音输入法，在写字板中输入"北京 2008"，如图 3-25 所示。

❽ 用鼠标选中文字"北京"，从【字体】下拉列表中选择【方正大黑简体】，从【字号】下拉列表中选择 28。选中文字"2008"，从【字体】下拉列表中选择【华文彩云】，字号也设置为 28，效果如图 3-26 所示。

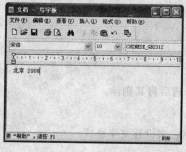

图 3-25　输入文字

图 3-26　设置文字格式

❾ 关闭写字板程序，不对文档进行保存。

本 章 小 结

　　通过本章的学习，用户应该掌握在 Windows XP 中添加和删除系统自带输入法的方法，并能熟练使用一种中文输入法。掌握中文输入法是使用 Windows XP 的一个重要部分，并且如果用户能熟练掌握一种或几种中文输入法，可以很大提高 Windows XP 的使用效率。下一章向读者介绍文件和文件夹的基本操作。

习　　题

填空题

1. 中文输入法是进行中文信息处理的前提和基础。根据汉字编码方式的不同，可以将中文输入法分为_____、形码和_____3 类。

2. 选择了一种输入法后，便会自动打开该输入法的_____。

3. 用户切换中文输入法时，除了可以使用输入法选择图标外，还可以通过快捷键_____。

4. 当用户在使用微软拼音输入时会发现未确认输入之前，字词或者句子下面会显示一条_____，表示本次输入仍未结束。

5. 对于用户经常使用到的而微软拼音输入法词典中没有的词语，可以将它们添加到_____中。

6. 用户在使用手写输入法输入时，要包括_____和_____。

选择题

7. 下面输入法中，属于形码输入的是( )。

  A. 智能 ABC 输入法   B. 微软拼音输入法   C. 五笔字型输入法   D. 手写输入法

问答题

8. 简述汉字的结构特征。

9. 什么是逐键提示功能？

上机练习

10. 添加一款 Windows XP 自带安装文件的中文输入法，然后将其删除。

11. 练习使用微软拼音输入法。

12. 在计算机中安装一种系统中没有的字体文件，并使用它来设置文字格式。

第 4 章

文件和文件夹的基本操作

本章介绍 Windows XP 下文件和文件夹的各种基本操作和管理方法。通过本章的学习，应该完成以下**学习目标**：

- ☑ 掌握文件和文件夹的一些基本概念
- ☑ 了解常见的文件类型
- ☑ 学会使用 Windows XP 的资源管理器
- ☑ 掌握文件和文件夹的一些基本操作(创建、删除、重命名、复制、移动等)
- ☑ 能够选择合适的查看方式浏览文件或文件夹
- ☑ 学会对文件或文件夹排序、分组
- ☑ 学会在计算机中查找指定的文件
- ☑ 学会备份和还原文件
- ☑ 学会加密和解密文件
- ☑ 掌握【回收站】的使用方法

4.1 文件和文件夹概述

绝大部分的信息都是以"文件"的方式储存在计算机中，为了便于文件的管理，一般将文件放在文件夹里。

4.1.1 什么是文件

"文件"是指存储在计算机系统中的一组信息的组合，它是计算机系统中最小的组织单位。在计算机中，文件包含信息范围很广，平时用户操作的文档、执行的程序以及其他所有软件资源都属于文件。文件中可以存放文本、数据和图片等一些信息。

文件由文件名和图标两部分组成。其中文件名是用户管理文件的依据，它由名称和属性(扩展名)两部分组成。

文件具有如下特性：

- 唯一性：为了避免混淆，在同一磁盘的同一个文件夹下，不允许存在名称相同的文件，即文件名是唯一的。
- 移动性：用户可以将一个文件从本身所在的文件夹移至另一个文件夹、另一个磁盘驱动器，或另一台计算机中。
- 固定性：文件一般都存放在一个固定的驱动器、文件夹或子文件夹中，即文件有固定的路径。

● 修改性：用户可以对自己编辑的文件进行修改。

4.1.2 什么是文件夹

"文件夹"也称为目录，是专门存放文件的场所，即文件的集合。用户可以将相关的文件存储在同一文件夹中，让整个计算机中的内容井井有条，方便用户进行管理。文件夹中可以存放文档、程序及链接文件等，甚至还可以存放其他文件夹、磁盘驱动器和计算机等。与文件相比，文件夹没有扩展名，由一个图标和文件名组成。

类似于文件，文件夹也具有如下特性。

● 嵌套性：用户可以将一个文件夹嵌套在另一个文件夹中，即一个文件夹可以包含多个子文件夹。

● 移动性：用户可以对文件夹的内容进行移动或删除。由于磁盘空间是有限的，所以用户需要定期将磁盘清理。

● 空间任意性：在磁盘空间够用的情况下，用户可以存放任意多的内容至文件夹中。

4.1.3 文件名和扩展名

像人的名字一样，文件也有自己的名字，即文件名。继承了 Windows 的传统，每一个文件名都由主名和扩展名两部分组成，两者之间用一个圆点(分隔符"．")隔开，其中主名用来注明文件的名字，扩展名用来注明文件的类型。例如"经典文档 .doc"，其中"经典文档"是主名；".doc"是扩展名，说明此文件是 Microsoft Word 文档；主名和扩展名中有分隔符"．"。在默认情况下，扩展名一般都是隐藏的。

扩展名其实包含在文件名中，扩展名说明了文件特定的类型，是不可改变的，而文件名是用户给文件的命名，可以随时改变。

用户给文件命名时，必须遵循以下规则。

● 文件名不能用"？"、"*"、"/"、"<"、"、"及"""等符号。

● 文件名不区分大小写。

● 文件名开头不能为空格。

● 文件或文件夹名称不得超过 128 个字节。

4.1.4 常见的文件类型

Windows XP 支持多种文件类型，根据文件的用途大致可将其分为以下 7 种。

● 程序文件：程序文件是由相应的程序代码组成的，文件扩展名一般为.com 或.exe。在 Windows XP 中，每一个应用程序都有其特定的图标，用户只要双击某程序文件图标就可以自动启动该程序。

● 文本文件：文本文件是由字符、字母和数字组成的。一般情况下，文本文件的扩展名为.txt。应用程序中的大多数 Readme 文件都是文本文件。

● 图像文件：图像文件是指存放图片信息的文件。图像文件的格式有很多种,例如.bmp 文件、.jpg 文件、.gif 文件。在 Windows XP 中,用户可以通过 Photoshop、CorelDraw

等图像处理软件来创建图像文件。利用"画图"工具所创建的位图文件也是一种图像文件。

- 多媒体文件：多媒体文件是指数字形式的声音和影像文件。在 Windows XP 系统中，可以很好地支持多种多媒体文件，系统内部自带的 Windows Media Player 即可播放声音和视频文件。
- 字体文件：Windows XP 自带了种类繁多的字体，这些字体都以字体文件的形式存放在 C:\Windows\Fonts 系统文件夹中。
- 数据文件：数据文件中一般都存放了数字、名字、地址和其他数据库和电子表格等程序创建的信息。最通用的数据文件格式可以被许多不同的应用程序识别。
- 系统文件：系统文件是指运行操作系统和程序必须使用的文件。系统文件格式有.dll、.ocx。.dll 是动态链接库文件，.ocx 是控件。这些文件不需要用户手动打开，系统或程序会自动调用。

Windows XP 中所包含的文件类型比较多，当用户遇到不认识的文件时，可以通过查看该文件的扩展名识别其文件类型。

4.2　认识 Windows 资源管理器

【我的电脑】可直接对磁盘、映射网络驱动器、文件与文件夹等进行管理。对于已经有网络连接的计算机，还可以通过【我的电脑】来方便地访问本地网络中的共享资源和 Internet 上的信息。在 Windows XP 桌面上双击【我的电脑】图标，打开【我的电脑】窗口，其中可以看到计算机中所有的磁盘驱动器列表。在窗口左侧任务窗格的【其他位置】区域中还有【网上邻居】、【我的文档】、【共享文档】和【控制面板】4 个超链接，通过这些超链接，可以方便地在不同窗口之间进行切换。

【我的电脑】窗口中的工具栏包括一些常用的命令，以方便对文件或文件夹进行管理。例如，单击【后退】按钮，将返回至上次【我的电脑】的操作窗口；单击【前进】按钮，将撤销当前的【后退】操作；单击【向上】按钮，将逐级向上移动，直到在屏幕上显示出所有的计算机资源。

【Windows 资源管理器】是用来组织、操作文件和文件夹的工具，是 Windows XP 系统中使用最频繁的应用程序之一。使用【Windows 资源管理器】可以移动和复制文件，启动应用程序，连接网络驱动器，打印文档和创建快捷方式，还可以对文件进行搜索、归类和属性设置。所有这些操作，对于有效地跟踪文件，建立一个逻辑性强且结构清晰的文件夹结构大有益处。

单击【开始】按钮，在打开的【开始】菜单中单击【所有程序】命令，在展开菜单中选择【附件】|【Windows 资源管理器】命令，即可打开 Windows 资源管理器】，如图 4-1 所示。

【资源管理器】窗口的左侧是文件夹窗格，能够查看整个计算机系统的组织结构以及所有访问路径被展开的情况。

如果文件夹图标左边带有【+】符号，则表示该文件夹还包含子文件夹，单击该符号，将显示所包含的子文件夹；如果文件夹图标左边带有【-】符号，则表示当前已显示出文件夹中的内容，单击该符号，将折叠文件夹。

　　当用户从【文件夹】窗格中选择一个文件夹时，在右侧窗格中将显示该文件夹包含的文件和子文件夹。

　　如果要调整【文件夹】窗格的大小，则将指针指向两个窗格之间的分隔条上，当变成双箭头形状时，单击并向左或向右拖曳分隔条，即可调整【文件夹】窗格的大小。

　　事实上，单击【我的电脑】窗口中工具栏上的【文件夹】按钮，【我的电脑】窗口就成了 Windows 资源管理器，如图 4-2 所示。这表明【我的电脑】和 Windows 资源管理器其实是一致的，都是用来管理计算机资源的工具。

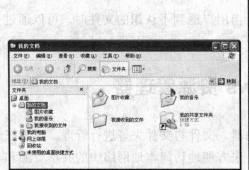

图 4-1　Windows 资源管理器

图 4-2　以树状结构显示【我的电脑】

4.3　创建和管理文件或文件夹

　　文件和文件夹是计算机运行和用户使用的基本文件，因此管理文件和文件夹的重要性是显而易见的。所谓的管理文件和文件夹，就是用户根据系统和日常管理及使用的需要对文件和文件夹进行创建、浏览、选择、移动、重命名、复制、删除和隐藏等操作。

4.3.1　选择文件或文件夹

　　在处理文件或文件夹时，经常要删除、复制或移动多个文件夹或文件，此时就需要首先选定这些文件夹或文件。

　　对于单个文件或文件夹，单击它即可将其选中。要选定一组连续的文件夹和文件，可首先在 Windows 资源管理器中单击第一个要选定的文件夹或文件，然后按住 Shift 键，单击要选定的最后一个文件夹或文件。选定完成以后，按住 Ctrl 键，单击选定的某个文件夹或文件，可取消其选定状态，如图 4-3 所示。

　　要选定某个文件夹中的全部内容，可首先在左侧窗格中单击该文件夹，然后选择【编辑】|【全部选定】命令或者按 Ctrl+A 快捷键；如果要选定当前文件夹中已经选定的文件或文件夹以外的所有其他文件和文件夹，可选择【编辑】|【反向选择】命令。

提示：在选择文件或文件夹的过程中，如果用户单击了窗口中的空白处，选择将自动取消，需要重新选择。

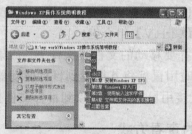

图 4-3 选中多个文件夹或文件

4.3.2 创建、删除、重命名文件或文件夹

要创建文件夹或文件，可首先在 Windows 资源管理器中打开要在其中创建文件夹的驱动器或文件夹(用鼠标双击)，然后选择【文件】|【新建】|【文件夹】命令或其他菜单选项，如图 4-4 左图所示。如果选择创建的是一个新文件夹，则默认新建的文件夹名称为【新建文件夹】，用户可输入其他文字重命名该文件夹，如图 4-4 右图所示。

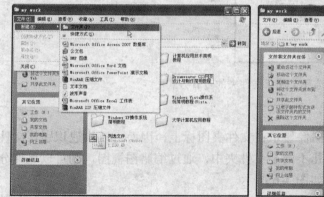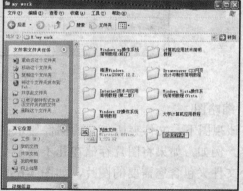

图 4-4 新建文件夹

要重命名文件或文件夹，可右击该文件或文件夹，从弹出的快捷菜单中选择【重命名】命令，当文件或文件夹名称高亮显示呈编辑状态时，输入新的名称并按 Enter 键即可。要删除该文件或文件夹，从快捷菜单中选择【删除】命令或直接按 Delete 键，在提示框中单击【是】按钮即可。

4.3.3 复制、移动文件或文件夹

可采用如下方法之一复制文件或文件夹。

- 使用菜单命令：选中要复制的文件或文件夹，右击在弹出快捷菜单中选择【复制】(或按【Ctrl+C】组合键)，然后打开目标驱动器或文件夹，从弹出的快捷菜单中选择【粘贴】(或按【Ctrl+V】组合键)，即可完成复制文件或文件夹的操作。
- 使用拖动的方法：先选中要复制的文件或文件夹，如果在不同的磁盘驱动器中，则用鼠标直接将其拖曳到目标驱动器或文件夹中即可。也可以在按住【Ctrl】键的同时拖曳对象到目标驱动器或文件夹中。

可采用如下方法之一移动文件或文件夹。

- 用菜单命令：选中要进行移动的文件或文件夹，右击在弹出的快捷菜单中选择【剪切】(或按【Ctrl+X】组合键)，然后右击目标驱动器或文件夹，在弹出的快捷菜单中选择【粘贴】(或按【Ctrl+V】组合键)。
- 使用拖动的方法：先选择要移动的文件或文件夹，如果在不同的磁盘驱动器中，则在按住【Shift】键的同时用鼠标将其拖曳到目标驱动器或文件夹中即可；如果在同一磁盘驱动器中，则直接用鼠标拖曳对象到目标文件夹窗口。

4.3.4 选择文件或文件夹的查看方式

用户在使用计算机时，经常需要浏览文件和文件夹。Windows XP 提供了缩略图、平铺、图标、列表、详细信息、幻灯片共 6 种方式，便于用户在不同情况下浏览。用户可通过窗口的【查看】下拉按钮或右键快捷菜单来在这几种方式间进行切换，如图 4-5 所示。

图 4-5 选择文件或文件夹的查看方式

1. 缩略图

在该视图下，文件夹所包含的图像显示在文件夹图标上，因而可以快速识别该文件夹的内容。例如，如果将图片存储在几不同个文件夹中，通过缩略图视图，则可以迅速分辨出哪个文件夹包含您需要的图片，如图 4-6 所示。

默认情况下，Windows 在一个文件夹背景中最多显示 4 张图像，或者通过缩略图视图，可以选择一张图片来识别文件夹，完整的文件夹名显示在缩略图下。

2. 图标

该视图以图标显示文件和文件夹，文件名显示在图标下方，但是不显示分类信息，如图 4-7 所示。

图 4-6 缩略图视图

图 4-7 图标视图

3. 平铺

该视图以图标显示文件和文件夹，这种图标比图标视图中的图标要大，并且将所选的分类信息显示在文件或文件夹名下方，如图 4-8 所示。例如，如果您将文件按类型分类，则"Microsoft Word 文档"将出现在 Word 文档的文件名下方。

4. 列表

该视图以文件或文件夹名列表显示文件夹内容，其内容前面为小图标，如图 4-9 所示。当文件夹中包含很多文件，并且想在列表中快速查找一个文件名时，这种视图非常有用。在这种视图中可以分类文件和文件夹，但是无法按组排列文件。

图 4-8　平铺视图

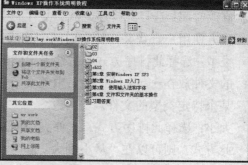
图 4-9　列表视图

5. 详细信息

在该视图下，Windows 列出已打开文件夹的内容并提供有关文件的详细信息，包括文件名、类型、大小和修改日期，如图 4-10 所示。

6. 幻灯片

该视图仅在图片文件夹中可用，图片以单行缩略图形式显示，如图 4-11 所示。可以通过使用左右箭头按钮滚动图片。单击一幅图片时，该图片显示的图像要比其他图片大。要编辑、打印或保存图像到其他文件夹，请双击该图片。

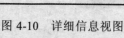
图 4-10　详细信息视图

图 4-11　幻灯片视图

4.3.5　排序文件或文件夹

当文件或文件夹较多时，用户可通过对其排序，来快速找到所需的文件或文件夹。在文件夹窗口的空白处右击，从弹出的快捷菜单中选择【排列图标】命令，可从子菜单中选择具体的排序方式，如图 4-12 所示。

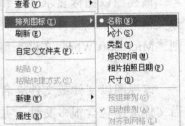

- 名称：选择此排序方式，文件夹中的对象会以名称的先后顺序进行排序。若是英文名字，则是按照英文字母的顺序排序；若是汉字名字，则是按照汉字的拼音字母顺序排序；若汉字和英文名字同时存在时，英文名字默认排序在汉字名字前面。此方式方便用户查找某一特定名称的文件。

图 4-12　选择排序方式

- 修改时间：选择此排序方式，文件夹中的对象会以修改时间的先后顺序排序。此方式方便用户查找某一特定时间创建或修改过的文件。
- 类型：选择此排序方式，文件夹中的对象会以文件类型进行排序，即将相同扩展名的文件放在一起，以扩展名中英文字母的先后顺序归类排序。此方式方便用户查找某个特定类型的文件。
- 大小：选择此排序方式，文件夹中的对象会以文件体积大小进行排序。若反复选择此方式，则可以在"从小到大"和"从大到小"两种具体方式中切换。此方式方便用户查找某个特定大小的文件。

注意：文件的排序根据文件类型的不同而不同，例如图片文件会按照相片拍摄时间的先后进行排序，而音乐文件会根据音乐的发行时间进行排序。

4.3.6　对文件或文件夹分组

"按组排列"允许用户通过文件的细节(如名称、大小、类型或更改日期)对文件进行分组。例如，按照文件类型进行分组时，图像文件将显示在同一组中，Word 文档将显示在另一组中，而 Excel 文件将显示在又一个组中。"按组排列"可用于缩略图、平铺、图标和详细信息视图方式。

要按组排列文件，请在文件夹窗口的空白处右击，从弹出的快捷菜单中选择【排列图标】|【按组排列】命令即可，如图 4-13 所示。

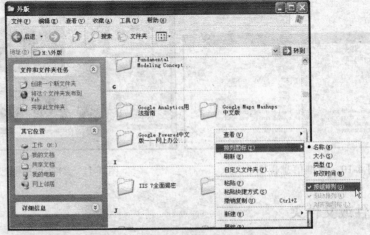

图 4-13　对文件或文件夹分组显示

在名称排序方式下分组，文件夹中的文件或文件夹将按照名称分成若干组；

- 在大小排序方式下分组，文件夹中的文件或文件夹将按照体积的大小分成若干组。
- 在类型排序方式下分组，文件夹中的文件或文件夹将按照文件类型分成若干组。
- 在修改时间排序方式下分组，文件夹中的文件或文件夹将按照文件修改时间分成若干组。

4.3.7　隐藏或显示隐藏的文件、文件夹

在日常工作和学习中，为了避免私人信息被别人查看或修改，可以将它们隐藏起来。要隐藏文件或文件夹，可右击该文件或文件夹，从弹出的快捷菜单中选择【属性】命令，打开其属性对话框。在【常规】选项卡下，显示了文件的大小、位置、类型等。

选中底部的【隐藏】复选框，单击【确定】按钮，如果要隐藏的是文件夹，系统会提示是否将操作应用到文件夹的子文件夹，如图 4-14 左图所示。单击【确定】按钮，可以发现目标文件或文件夹在文件夹窗口中显示为半透明状，如图 4-14 右图所示。

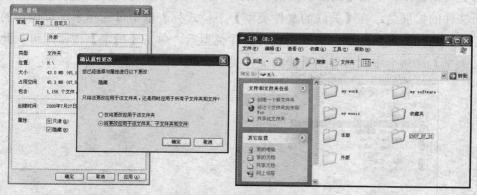

图 4-14　隐藏文件或文件夹

要彻底使别人看不到隐藏的文件或文件夹，可在文件夹窗口中选择【工具】|【文件夹选项】命令，打开【文件夹选项】对话框。切换到【查看】选项卡，在【高级设置】列表框中选中【不显示隐藏的文件或文件夹】单选按钮，并单击【确定】按钮使设置生效即可，如图 4-15 所示。

如果用户想要取消文件或文件夹的隐藏属性，可在其属性对话框中禁用【隐藏】复选框。如果用户想显示隐藏的文件或文件夹，可在图 4-15 中选中【显示所有文件和文件夹】单选按钮。

4.3.8　注册文件类型

在 Windows XP 系统中，如果用户希望在双击文件时以指定的应用程序打开它们，则必须在系统中对该类型的文件进行注册。注册文件类型的目的是为了指定打开某类型文件的默认应用程序，例如，系统默认使用记事本应用程序打开扩展名为 TXT 的文件，如果被打开的文

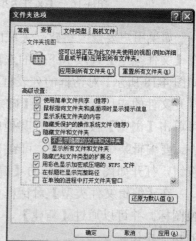

图 4-15　不显示隐藏的文件或文件夹

件长度太大，则用写字板应用程序打开。不过，用户或系统指定的应用程序必须是用户计算机上已经安装的应用程序，至少也是在用户计算机的网络环境中已存在的应用程序。

一般情况下，文件类型的注册都是系统自动完成的，但对于一些系统没有注册的文件类型，用户需要手动进行注册。另外，用户可根据自己的需要修改系统已经注册过的文件类型，改变一些文件的默认打开方式。

要注册或编辑文件的注册类型，可打开【文件夹选项】对话框。切换到【文件类型】选项卡，如图 4-16 所示。

在【已注册的文件类型】列表框中，列出了已经在系统中注册过的文件类型与文件扩展名之间的关联关系。如果用户在列表框中选定一个文件类型，则在对话框下部的详细信息组合框中就会列出有关此类型文件的详细信息。

如果要删除一个不必要的文件类型，在【已注册的文件类型】列表框中选择它，然后单击【删除】按钮即可。如果用户要注册一种新的文件类型，单击【新建】按钮，打开【新建扩展名】对话框，并单击【高级】按钮，如图 4-17 所示。在【文件扩展名】文本框中输入要注册文件的扩展名，在【关联的文件类型】下拉式列表框中可选择系统可识别的文件类型。在输入文件扩展名或选择一种关联的文件类型后，单击【确定】按钮即可。此时，在【文件类型】选项卡中就可看到新建的文件类型。

图 4-16　【文件类型】选项卡　　图 4-17　【新建扩展名】对话框

如果用户要修改已建立关联的文件的打开方式，可在列表中选择要操作的文件类型，在【文件类型】选项卡下部的选项区域中单击【更改】按钮，打开【打开方式】对话框，如图 4-18 所示。对话框的列表框中列出了已经在系统中注册过的应用程序。选择想要用来打开文件的应用程序，单击【确定】按钮即可。不过，如果在列表中没有找到相应的程序，可单击【浏览】按钮，选择其他应用程序来打开文件。

要编辑某个文件类型，可在【已注册的文件类型】列表框中选择它，然后单击【高级】按钮，打开如图 4-19 所示的【编辑文件类型】对话框来进行一些高级设置。

在【编辑文件类型】对话框中，用户可以通过【更改图标】按钮来为该类型的文件更换图标。并可以通过【新建】、【编辑】和【设置默认值】等按钮来设置对该类型的文件的相关操作。

设置完毕后，单击【确定】按钮，返回到【文件类型】选项卡，然后单击【应用】按钮，保存设置。

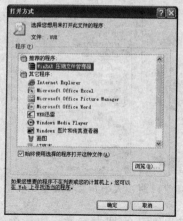 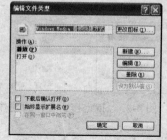

　　图 4-18　【打开方式】对话框　　　图 4-19　【编辑文件类型】对话框

4.3.9　搜索文件或文件夹

　　在使用计算机时，人们经常会忘记文件放在了哪个文件夹中，或者文件夹位于哪个驱动器上，此时便可使用 Windows XP 提供的查找工具来进行搜索。

　　打开【我的电脑】窗口，单击工具栏中的【搜索】按钮 ，在窗口左侧打开【搜索】窗格，如图 4-20 所示。在【要搜索的文件或文件夹名为】下面的文本框中输入要查找文件或文件夹的文件名，如果用户记得不是很清楚，还可以在【包含文字】文本框中输入文件中的某个字或词组，这样可以加快搜索的速度，在【搜索范围】下拉列表中可以设置搜索的范围，可以是整个本地资源，也可以是 C 盘、D 盘等磁盘驱动器或具体某个磁盘下的文件夹。

　　如果用户想指定更多的搜索条件，以提高搜索的效率，可单击【搜索选项】链接，打开更多搜索参数，如图 4-21 所示。

　　图 4-20　【搜索】窗格

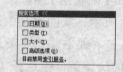

　　图 4-21　打开更多搜索参数

　　如果要搜索在指定日期创建或修改的文件或文件夹，可以选中【日期】复选框，选择适当的单选按钮，如图 4-22 左图所示。

　　如果知道要搜索文件或文件夹的大小，可选中【大小】复选框，设置要搜索文件的大改大小，如图 4-22 中图所示。

如果要搜索指定类型的文件或文件夹，可选中【类型】复选框，然后在下拉列表中选择文件的类型，如图 4-22 右图所示。

图 4-22　指定搜索文件的创建或修改日期、大小和文件类型

用户还可以选中【高级选项】复选框，指定为细节的搜索参数，如是否忽略大小写等。搜索设置完成以后，单击窗格中的【立即搜索】按钮。搜索完成后，系统将在窗口右侧显示搜索的结果，用户可通过【搜索】窗格，以名称、修改日期、大小、文件类型等不同类别，或详细信息、缩略图、平铺等不同显示方式来查看搜索结果。在搜索的过程中，如果找到了所需的文件，可单击【停止搜索】按钮来停止搜索。

除了可以搜索文件、文件夹外，借助【搜索】窗格，用户还可以搜索局域网中的用户、计算机，Internet 上的网页等。

4.4　使用和管理回收站

默认情况下，用户在删除文件或文件夹时，系统只是在逻辑上对这些文件或文件夹进行了删除操作，它们实际上被移到了回收站中。它们仍然占据着磁盘空间，如果要彻底删除它们，可在回收站中永久删除它们。用户若误删了某个文件或文件夹，可以通过回收站的还原功能将其恢复。若回收站已满，并且磁盘空间有限，用户可以将回收站中清空，清空后的回收站中将无任何文件和文件夹，并无法进行还原。

4.4.1　使用回收站

在桌面上双击【回收站】图标，打开【回收站】窗口，如图 4-23 所示。从回收站中还原文件和文件夹有两种方法：一种是右击准备要还原的文件和文件夹，在弹出的快捷菜单中选择【还原】命令，这时即可将该文件和文件夹还原到被删除之前所在的位置。另一种是直接在回收站中选中要还原的文件或文件夹，然后单击左侧【回收站任务】中的【还原此项目】命令。如果用户想要还原回收站中所有的内容，可单击【还原所有项目】命令。

图 4-23　【回收站】窗口

回收站中的内容其实并没有被真正删除，仍然占用硬盘空间。清空回收站可以真正地从硬盘上删除文件或文件夹，释放回收站中的内容所占用的硬盘空间。回收站中的空间也是有一定大小的，当回收站已满时，系统将提示需要清空回收站。当然，根据需要，用户也可以只删除回收站中的一部分内容，而不清空整个回收站。执行下列任一操作，就可以清空回收站中的全部内容，释放空间：

- 在桌面上用鼠标右击【回收站】图标，在弹出的快捷菜单中选择【清空回收站】命令。
- 双击【回收站】图标，在打开的【回收站】窗口左侧单击【清空回收站】命令。
- 在【回收站】窗口中选择【文件】|【清空回收站】命令。

如果回收站已满，但又不想删除其中的全部项目，也可以有选择地删除其中的部分内容。首先选定想要删除的项目，然后执行下列操作之一：

- 在【回收站】菜单栏中选择【文件】|【删除】命令。
- 用鼠标右击想要删除的项目，在弹出的快捷菜单中选择【删除】命令。

4.4.2　设置回收站的属性

用户可以自己定义回收站中的一些设置，例如回收站的空间大小、是否将删除的项目放入回收站等。如果在计算机中有多个物理或逻辑驱动器，还可以指定回收站在每个驱动器上占用的空间大小。

在桌面上直接用鼠标右击【回收站】图标，在弹出的快捷菜单中选择【属性】命令，打开【回收站属性】对话框，如图 4-24 所示。用户可在【回收站属性】对话框中进行以下设置：

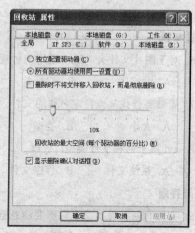

图 4-24　设置回收站的属性

- 启用【删除时不将文件移入回收站，而是彻底删除】复选框，将停用回收站，用户在今后删除文件、文件夹时不使用回收站，并且彻底删除回收站中的所有文件。
- 选择【所有驱动器均使用同一设置】单选按钮，可以在【全局】选项卡中指定所有驱动器使用同一设置；选中【独立配置驱动器】单选按钮，则可在每个驱动器所对应的选项卡中进行设置。
- 在【所有驱动器均使用同一设置】选项组中，可拖动滑块来指定回收站在每个驱动器上所占用的空间大小。
- 启用【显示删除确认对话框】复选框，可在删除文件和其他项目之前进行确认。

提示：建议用户不要停用回收站，因为使用回收站可以保证数据的安全性和可恢复性，避免用户因误操作带来极大的麻烦。若回收站占用过多空间，可以定期将其清空，或者可以设置回收站占用的空间，将其调小即可。

本 章 小 结

　　文件和文件夹的操作和管理是 Windows XP 数据管理的基础，本章介绍了文件和文件夹的概念、类型等基础知识，并详细介绍了创建和管理文件、文件夹的各种操作，末尾介绍了回收站的使用和管理方法。下一章向用户介绍如何个性化 Windows XP，使之以更适合自己的方式来工作。

习　　题

填空题

1. 绝大部分的信息都是以＿＿＿＿的方式储存在计算机中，为了便于文件的管理，一般将文件放在文件夹里。

2. ＿＿＿＿是 Windows XP 的一个文件管理工具，它包含了两个不同的信息窗格，左边的窗格中以树的形式显示了计算机中的资源项目，右边的窗口中显示了所选项目的详细内容。

3. Windows XP 提供了＿＿＿＿、平铺、＿＿＿＿、列表、＿＿＿＿、幻灯片共 6 种文件的查看方式。

4. 在日常工作和学习中，为了避免私人信息被别人查看或修改，可以将它们＿＿＿＿。

5. 用户在删除文件或文件夹时，系统只是在逻辑上对这些文件或文件夹进行了删除操作，它们实际上被移到了＿＿＿＿中。

选择题

6. 对于图片文件夹，适合采用何种视图方式浏览(　　)?

　　　A. 缩略图　　　　B. 幻灯片　　　　C. 平铺　　　　　D. 列表

7. 如果要查找某一特定名称的文件，用户可对文件夹进行(　　)排序。

　　　A. 大小　　　　　B. 类型　　　　　C. 名称　　　　　D. 修改时间

8. .avi 属于何种文件类型(　　)?

　　　A. 系统文件　　　B. 程序文件　　　C. 多媒体文件　　D. 文本文件

问答题

9. 文件有何特性，命名时需要注意些什么？

10. 简述移动和复制文件及文件夹的区别。

11. 比较各种视图方式的区别。

上机练习

12. 在 D 盘根目录下创建一个名为 test 的文件夹，并将其移动至 E 盘根目录下。

13. 将 test 文件夹删除，然后使用回收站进行还原。

14. 使用 Windows XP 的搜索功能搜索名称为"system32"的文件夹。

第 5 章

个性化 Windows XP

本章介绍如何设置 Windows XP 工作环境，使之更能满足用户工作和学习的需要。通过本章的学习，应该完成以下**学习目标**：

- ☑ 学会设置 Windows XP 的桌面背景
- ☑ 学会调节系统的分辨率和刷新率
- ☑ 学会使用屏幕保护程序
- ☑ 学会设置 Windows 的显示模式
- ☑ 学会设置鼠标和键盘
- ☑ 学会设置系统时间和日期
- ☑ 掌握用户账户的创建和管理方法

5.1 个性化桌面显示

个性化桌面显示，在 Windows XP 操作系统中是用户个性化工作环境的最重要的体现。用户可以依照自己的喜好和需要选择美化桌面的背景图案、设置屏幕保护程序、定义桌面外观和效果、设置显示颜色和分辨率等。另外，用户还可以定制自己的活动桌面，将 Web 页引入桌面。

5.1.1 自定义桌面背景

桌面背景是指 Windows XP 桌面上的图案与墙纸。第一次启动时，用户在桌面上看到的图案背景与墙纸是系统的默认设置。为了使桌面的外观更个性化，可以在系统提供的多种方案中选择自己满意的背景，也可以使用自己的 BMP 或 JPEG 格式的图像文件作为 Windows XP 的桌面背景。

例 5-1 设置 Windows XP 的桌面背景。

❶ 在桌面的空白处右击鼠标，从弹出的快捷菜单中选择【属性】命令，打开【显示属性】对话框。

❷ 单击【桌面】标签，切换到【桌面】选项卡，如图 5-1 所示。

❸ Windows XP 提供了一些图片作为桌面背景，用户可从【背景】列表框中进行选择，并在上方对效果进行预览。

❹ 如果用户想使用自己的喜欢的图片作为桌面的背景，可单击【浏览】按钮，在打开的对话框中找到并打开该图片，然后从【位置】下拉列表中选择图片的显示方式。

- 拉伸：使图片沿水平和背景方向拉伸，以布满整个桌面，如果图片的分辨率不是很大，建议不要使用该方式，否则图片会模糊不清楚。
- 居中：不论图片大小，将图片放在桌面正中间。
- 平铺：将图片沿水平和垂直方向复制排列显示在桌面上。

⑤ 设置好后，在【桌面】选项卡上方预览效果，满意后单击【应用】按钮，桌面的背景效果如图 5-2 所示。

图 5-1　【桌面】选项卡　　　　　图 5-2　成功更换桌面背景

5.1.2　调整屏幕的分辨率和刷新率

使用计算机时，为了增强显示的效果，可能需要调整颜色及分辨率设置。可以设置屏幕同时能够支持的颜色数目、屏幕区域大小、显示字体大小及适配器的刷新频率等参数。

其中，屏幕分辨率是指屏幕所支持的像素的多少，在屏幕大小不变的情况下，分辨率的大小将决定着屏幕显示内容的多少，大的分辨率将使屏幕显示更多的内容。例如，在浏览一个网页时，640×480 像素的分辨率下可能显示不出所有的内容，但是，如果选择 800×600 像素或者 1024×768 像素的分辨率就能在屏幕上显示所有的网页信息。刷新率是指显示器的刷新速度。过低的刷新率会使用户产生头晕目眩的感觉，容易使用户的眼睛疲劳，因此，用户应使用支持高刷新率的显示器，这样有利于保护用户的眼睛。

例 5-2　调节屏幕的显示分辨率和刷新率。

❶ 在【显示属性】对话框中单击【设置】标签，切换到【设置】选项卡，如图 5-3 所示。

❷ 在【颜色质量】下拉列表框中选择所需的颜色数目，在显卡和显示器能够支持的情况下，推荐用户使用增强色(16 位)或者真彩色(32 位)，这样就可以显示出所有的图像颜色效果。

❸ 在【屏幕分辨率】选项区域拖动滑块，可以改变屏幕的分辨率。

> 屏幕的分辨率设置为多少比较合适？
>
> 屏幕的分辨率是由显示适配器和监视器的性能参数共同决定，在设置分辨率时一定要参考显示设备的说明书，以免过高的分辨率损坏显示适配器或监视器。一般来说，17"的普通显示器分辨率设置为 1024×768 比较合适。

❹ 单击【高级】按钮，打开显示适配器的属性对话框，默认打开的是【常规】选项卡，切换到【监视器】选项卡，如图 5-4 所示。

图 5-3　调节屏幕分辨率和颜色数　　　　　图 5-4　调节屏幕刷新率

❺ 在【屏幕刷新频率】下拉列表框中，选择所需的适配器刷新频率。最后单击【应用】按钮以使设置生效。

5.1.3　使用屏幕保护程序

屏幕保护程序是一种能够在用户暂时不用计算机时屏蔽用户计算机的桌面，防止用户的数据被他人看到的程序。当用户需要使用计算机时，只要移动鼠标或者操作键盘即可恢复先前的桌面。如果屏幕保护程序设置了密码，则需要用户输入密码后才能进入先前的桌面。在设置屏幕保护程序时，用户可以选择和设置系统提供的保护程序，也可以选择自己安装的屏幕保护程序。

例 5-3　设置屏幕保护程序。

❶【显示属性】对话框中单击【屏幕保护程序】标签，切换到【屏幕保护程序】选项卡，如图 5-5 所示，

❷ 在【屏幕保护程序】选项区域中，从【屏幕保护程序】下拉列表中选择一种自己喜欢的屏幕保护程序，并在上面的显示窗口中观察具体效果。如果要预览屏幕保护程序的全屏效果，可单击【预览】按钮。预览之后，单击鼠标即可返回到对话框。

提示：如果用户想使用自己的一组图片作为屏幕保护程序，可在【屏幕保护程序】下拉列表中选择【图片收藏幻灯片】选项，然后将图片复制到 C:\Documents and Settings\wjl\My Documents\My Pictures 文件夹中即可。

❸ 要对选定的屏幕保护程序进行参数设置，单击【设置】按钮，打开屏幕保护程序设置对话框进行设置。

❹ 启动屏幕保护程序的系统默认时间为 30 分钟，如果用户认为过长，可调整【等待】微调器的值，例如将等待时间设置为 10 分钟。

❺ 如果要为屏幕保护程序加上密码，启用【在恢复时使用密码保护】复选框。此后如果系统进入了屏幕保护程序，需要输入当前用户和系统管理员的密码，才能返回到 Windows 桌面。

❻ 单击【监视器的电源】选项区域中的【电源】按钮，打开【电源选项属性】对话框，如图 5-6 所示，系统默认打开的是【电源使用方案】选项卡。

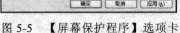
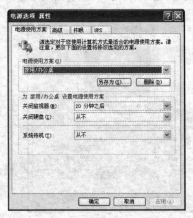

图 5-5　【屏幕保护程序】选项卡　　图 5-6　【电源选项属性】对话框

❼ 在【关闭监视器】和【关闭硬盘】下拉列表框中设置相应的时间后，如果计算机在指定的时间内没有进行任何操作，将会自动关闭显示器或硬盘，这一设置可以有效地提高显示器或硬盘的使用寿命。

❽ 单击【确定】按钮，返回【屏幕保护程序】选项卡。单击【应用】按钮，使用户所作的设置生效。

5.1.4　设置 Windows 外观

在 Windows XP 中，系统为用户提供了两种风格的桌面主题。对于一直使用 Windows 系列操作系统的老用户来说，可能更习惯沿用以前 Windows 操作系统中的经典桌面风格；而对于新用户来说，可能更喜欢使用简洁、色彩明快的 Windows XP 桌面风格；对于那些喜欢自己设计桌面的用户来说，还可以自己设计桌面样式，并保存为系统当前使用的桌面样式。

设置桌面主题的工作主要是在【显示属性】对话框的【主题】选项卡中完成的，如图 5-7 所示。在【主题】选项卡中，用户可以在【示例】浏览框中浏览到当前桌面使用的主题样式。默认情况下，系统启用的是 Windows XP 桌面主题。如果用户希望将桌面恢复到以前 Windows 的桌面样式，打开【主题】下拉列表框，选择【Windows 经典】选项即可。

如果用户的计算机可以登录互联网，则可以通过【主题】下拉列表框中的【其他联机主题】选项访问微软提供的默认站点，下载更新的桌面主题。当然，如果用户本机中存储有其他的桌面主题文件，也可以通过选择【浏览】选项指定桌面主题文件的方式，启用新的桌面样式。自定义或启用了新的桌面主题后，用户可以通过【另存为】按钮将当前桌面主题保存并重新命名。

如果用户想对选择的 Windows 主题下的 Windows 外观进行更为细致的设置，可以将【显示属性】对话框切换到【外观】选项卡，如图 5-8 所示。可以选择 Windows 的色彩方案、字体大小，也可以单击【效果】和【高级】按钮，进行更多设置，但建议用户不要这样做，因为 Windows XP 主题默认的颜色和效果搭配已经很好了。

图 5-7 选择 Windows 主题　　　　图 5-8 选择色彩方案和字体

5.2 个性化鼠标和键盘

鼠标和键盘是最常用的输入设备，无论是操作系统还是应用程序，都离不开鼠标和键盘的操作。在安装 Windows XP 操作系统时，系统自动会对鼠标和键盘进行默认设置。但由于用户的个性、习惯、爱好各不相同，因此系统默认的设置并不一定适合于每个用户。用户可以根据习惯、爱好和工作需求，合理设置鼠标和键盘的使用方式，以方便对计算机的使用和管理。

5.2.1 设置鼠标键

鼠标键是指鼠标上的左右按键，默认情况，系统使用左键用于主要操作。但有些用户可能更习惯于左手使用鼠标，此时就需要将鼠标的左右键功能进行互换。

　　例 5-4 设置鼠标键。

❶ 打开【开始】菜单，单击【控制面板】命令，打开【控制面板】窗口。单击窗口中的【打印机和其他硬件】命令，打开【打印机和其他硬件】窗口，如图 5-9 所示。

❷ 单击【鼠标】图标，打开【鼠标属性】对话框，如图 5-10 所示。

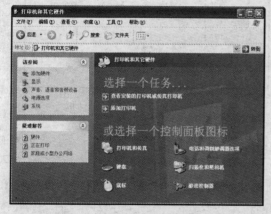

图 5-9 【打印机和其他硬件】窗口　　　图 5-10 【鼠标属性】对话框

❸ 在【鼠标键】选项卡的【鼠标键配置】选项区域，如果选中【切换主要和次要的按钮】复选框，则将鼠标右键设置成用于主要操作(如选择和拖动)之用。默认情况下，系统取消选中该复选框，这也符合大多数用户的操作习惯。

❹ 在【双击速度】选项区域中的【速度】项中拖动滑块，可以设定系统对鼠标键双击的反应灵敏程度，在右侧的图像窗口可以测试所设定的双击速度是否合适。

❺ 在【单击锁定】选项区域选中【启用单击锁定】复选框，可以设定鼠标的单击锁定效果。单击锁定是指用户无需持续按住鼠标按钮，进行高亮显示或拖动操作，只需单击鼠标即可完成。例如用户移动一个文件时，无需在该文件上按住并拖动鼠标，而只需在该文件上单击鼠标，并在需要复制的文件夹中再单击鼠标，即可将此文件在文件夹间移动。

❻ 单击【应用】按钮，即可使设置生效。

5.2.2 设置鼠标外观

在 Windows XP 操作系统中，默认的鼠标指针标志为 形状。此外，系统还自带了很多鼠标形状，用户可以根据自己的爱好，设置鼠标指针外观。

例 5-5 更改鼠标指针的外观。

❶ 将【鼠标属性】对话框切换到【指针】选项卡，如图 5-11 所示。

❷ 在【方案】下拉列表框中，选择一种系统自带的指针方案，例如【恐龙(系统方案)】选项。

❸ 在【自定义】列表框中，选中要设置的指针。如果用户不喜欢系统提供的该状态下的指针外观，可单击【浏览】按钮，在打开的如图 5-12 所示的【浏览】对话框中为当前选定的指针操作方式指定一种新的指针外观。单击【打开】按钮，返回【指针】选项卡。

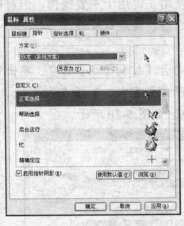

图 5-11 【指针】选项卡

图 5-12 【浏览】对话框

❹ 用户可以保存自己设定的鼠标指针方案，单击【另存为】按钮，在打开的对话框中对光标方案进行保存。

❺ 单击【删除】按钮，可以删除当前选中的鼠标指针方案；单击【使用默认值】按钮，可将鼠标设置还原为系统默认方案。

❻ 单击【应用】按钮，保存设置，完成设置鼠标指针外观操作。

5.2.3 设置鼠标的移动方式

鼠标的移动方式是指鼠标指针的移动速度和轨迹显示，它会影响到鼠标移动的灵活程度和鼠标移动时的视觉效果。根据用户的需要可以调整鼠标的移动速度、是否显示鼠标轨迹等。

例 5-6 调节鼠标的移动方式。

❶ 将【鼠标属性】对话框切换到【指针选项】选项卡，如图 5-13 所示。

❷ 在【移动】选项组中，用鼠标拖动滑块，可调整鼠标指针移动速度的快慢，同时选中【提高指针精确度】复选框。

❸ 如果用户希望鼠标指针在弹出对话框中会自动移动到默认的按钮上，应选中【取默认按钮】选项区域中的【自动将指针移动到对话框中的默认按钮】复选框。

❹ 在【可见性】选项区域中，选中【显示指针轨迹】复选框，可以使鼠标在移动时产生一条轨迹，拖动【轨迹长度】滑块，可以设定鼠标轨迹的长度。

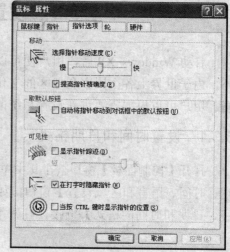

图 5-13 设置鼠标移动方式

❺ 选中【在打字时隐藏指针】复选框，可以在文本输入状态时，隐藏鼠标指针；选中【当按 CTRL 键时显示指针的位置】复选框时，可按下键盘上的 Ctrl 键，Windows XP 将在屏幕上明显地标出当前鼠标的位置。

❻ 单击【确定】按钮，即可使设置效果。

5.2.4 设置键盘

同鼠标一样，键盘也是用户使用最为频繁的一种计算机外围设备。虽然鼠标和手写板可以代替部分键盘功能，但键盘的大部分功能和作用是鼠标和其他设备所无法替代的。通过对键盘的合理设置，可以提高用户的输入速度。

例 5-7 设置键盘属性。

❶ 重复例 5-4 中的步骤❶，在【打印机和其他硬件】窗口中单击【键盘】图标，打开【键盘属性】对话框，如图 5-14 所示。

❷ 在默认打开的【速度】选项卡中，左右拖动【字符重复】选项区域中的【重复延迟】滑块，可以改变键盘重复输入一个字符的延迟时间。

❸ 拖动【重复率】滑块可以改变重复输入字符的输入速度。如果用户不知道哪一种速度适合自己，可以在文本框中连续输入同一个字符，测试重复的延迟时间和速度，然后选择一种最合适的。

❹ 在【光标闪烁频率】选项区域，左右拖动调节滑块，可以改变光标在编辑位置的闪烁速度。对于

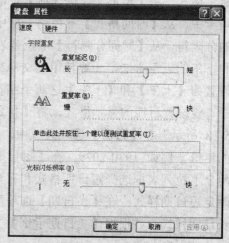

图 5-14 设置键盘属性

一般用户来说，光标速度应适中，过慢的速度不利于用户查找光标的位置，过快的速度容易使用户的视觉疲劳。

❺ 单击【确定】按钮以使设置生效。

5.3　设置系统日期和时间

启动 Windows XP 后，用户便可以通过任务栏的通知区域查看到系统当前的时间。此外，由于世界上各个国家和地区的文化背景不同，相应的数字、日期和时间的格式都不相同。用户可以根据需要重新设置系统的日期和时间以及选择合适自己的时区。

5.3.1　设置时间和日期格式

打开【控制面板】窗口，在其中单击【日期、时间、语言和区域设置】选项，打开【日期、时间、语言和区域设置】窗口，如图 5-15 所示。在【选择一个任务】下单击【更改数字、日期和时间的格式】链接，打开【区域和语言选项】对话框，如图 5-16 所示。

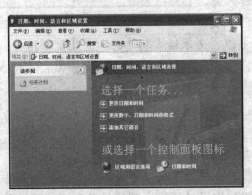
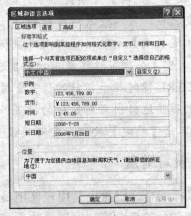

图 5-15　【日期、时间、语言和区域设置】窗口　　图 5-16　【区域和语言选项】对话框

单击【自定义】按钮，打开【自定义区域选项】对话框。如果用户想更改系统时间的显示格式，将【自定义区域选项】对话框切换到【时间】选项卡，如图 5-17 所示。在该选项卡中，从【时间格式】下拉列表框中选择时间的表示方法，例如 hh:mm:ss。要改变时间的分隔符，从【时间分隔符】下拉列表框中选择或输入一个新的分隔符，例如/。对于上午和下午的表示方法，一般使用英文 AM 和 PM，但是，不习惯查看英文的用户可以将它们设置为【上午】和【下午】这两个字符串。

要设置日期的显示格式，将【自定义区域选项】对话框切换到【日期】选项卡，如图 5-18 所示。在【日历】选项区域中，通过微调器来设置两个数字代表哪个时间段(100 年)的年份，例如 1930-2029；在【短日期】选项区域中的【短日期格式】和【日期分隔符】两个下拉列表框选择短日期格式和日期分隔符，并根据【短日期示例】文本框中的示例来确定短日期样式；在【长日期】选项区域中的【长日期格式】下拉列表框中选择或者输入长日期样式，并根据【长日期示例】文本框中示例来确定长日期样式。

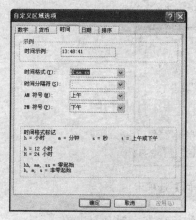
图 5-17　设置时间格式

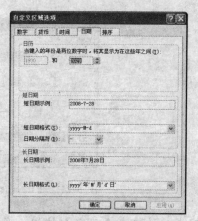
图 5-18　设置日期格式

5.3.2　更新时间和日期

在 Windows XP 系统中,系统默认的日期和时间是根据计算机 CMOS 中的设置得到的。对于用户来说,日期和时间有时是需要调整的。例如,有些计算机病毒是按照系统内的时间和日期发作的,用户可以通过病毒发作的前一天调整日期来避免病毒发作。另外,如果时间和日期设置不正确,还会导致 MSN 无法正常登录。

例 5-8　调整系统的时间和日期。

❶ 直接双击任务栏上的系统时间,打开【日期和时间属性】对话框,如图 5-19 所示。

❷ 默认打开的是【时间和日期】选项卡,在【日期】选项组中通过调整【年份】文本框后面的微调按钮来增加或减少年份数值。

❸ 打开【月份】下拉列表,从中选择需要设置的月份,并在下面的日历上单击正确的天数。

❹ 在【时间】选项区域进行小时、分钟和秒的更新。例如要更改小时的值,可用鼠标选定小时,然后通过后面的微调器增加或减少该值。

❺ 对于携带计算机旅行的用户,可能经常进入不同的国家和地区,因此计算机的时区设置也不同,如果要将时区改变为所在国家的时区,可切换到图 5-20 所示的【时区】选项卡,然后打开【时区】下拉列表,从中选择所在国家的时区。

图 5-19　【时间和日期】选项卡

图 5-20　【时区】选项卡

❻ 切换到图 5-21 所示的【Internet 时间】选项卡,使用它可以保持自己的计算机和 Internet 上的时间服务器同步,但同步只有在用户的计算机和 Internet 连接时才能进行。

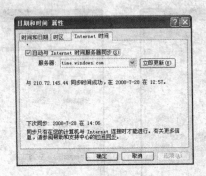

图 5-21 【Internet 时间】选项卡

❼ 设置完成后，单击【确定】按钮，完成更新日期和时间的操作。

5.4 管理用户账户

Windows XP 系统作为一个多用户操作系统，允许多个用户共同使用一台计算机，而账户就是用户进入系统的出入证。用户账户不仅可以保护用户数据的安全，还可以将每个用户的程序、数据等相互隔离，这样在不关闭计算机的情况下，不同的用户可以相互访问资源。

5.4.1 Windows XP 的用户账户类型

Windows XP 的账户按照权限的不同可以分为管理员账户、标准账户和来宾账户。

● 管理员(Administrator)账户：是系统自建账户，拥有最高的权限，并且可以执行高级管理的操作，包含安装软件、修改系统时间等具有管理特权的操作。这些操作不仅可以对整个计算机和其他用户的安全造成影响，而且对管理员本身也会产生影响。

● 标准账户：可以运行大多数应用程序，还可以对系统进行某些常规的操作，如修改时间、运行 Windows Live Messenger 等。这些操作不会对整个计算机和其他用户的安全造成影响，而只对标准用户本身产生影响。

● 来宾(Guest)账户：为那些在计算机上没有账户的用户提供使用的账户类型，只是一个临时户口。来宾的权力最小，其登录无须密码，只能检查电子邮件、浏览 Internet 或游戏。默认情况下，来宾账户是没有激活的，必须要激活后才能使用。

选择一个适合自己的账户类型很关键，它决定用户其本身具有的权限。对于经常需要安装应用程序或执行管理任务的用户而言，选择"管理员"账户类型较合适；对于平时仅进行文档处理、收发邮件、浏览网页或游戏的用户而言，选择"标准用户"账户类型较为合适；对于没有密码及账户、需要快速登录检查电子邮件、浏览 Internet 或游戏的用户而言，应选择"来宾"账户类型。

5.4.2　为管理员账户设置密码

在安装好 Windows XP SP3 系统后，系统有一个默认的管理员账户 administrator，这个账户拥有最高权限，一般在用户管理里面是看不见这个账户的。而用户在安装时输入的用户名也会被默认设置成具有管理员权限的账户，该账户默认没有设置密码，因而在登录 Windows XP 时可以跳过登录界面，而直接进入系统。为了保证计算机的安全，建议用户为这个管理员账户创建密码。

例 5-9　为管理员账户创建密码。

❶ 打开【控制面板】窗口，单击【用户账户】图标，打开【用户账户】窗口，如图 5-22 所示。

❷ Windows XP 系统中默认只有两个账户，一个是用户在安装 Windows XP 时设置的用户名，另一个是来宾账户。单击管理员账户名【wjl】，打开该账户的管理界面，如图 5-23 所示。

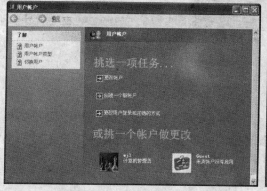

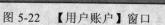

图 5-22　【用户账户】窗口

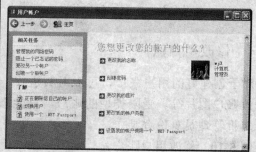

图 5-23　账户的管理界面

❸ 单击【创建密码】链接，在打开的界面中输入密码及其提示信息，如图 5-24 所示。需要注意的是两次输入的密码必须一致，否则无法成功创建。

❹ 完成后单击底部的【创建密码】按钮，在打开的界面中选择是否将文件和文件夹设置为私有，这里单击【是，设为私有】按钮，如图 5-25 所示。

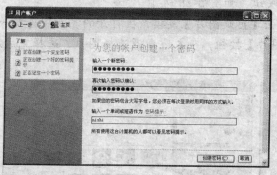

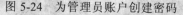

图 5-24　为管理员账户创建密码

图 5-25　选择是否将文件或文件夹设置为私有

❺ 系统返回账户的管理界面，界面上会显示管理员账户已经有了密码保护。

75

5.4.3　创建新账户

只有管理员才有创建新账户的权力，所以，要创建新账户，则必须以管理员的身份登录 Windows XP。然后打开【用户账户】窗口，在【挑选一项任务】下单击【创建一个新账户】链接，在新打开的界面中为新账户命名，如图 5-26 所示。

单击【下一步】按钮，选择要创建的账户类型，如图 5-27 所示。这里选择【受限】。单击【创建账户】按钮，即可完成新账户的创建。

图 5-26　为新账户命名

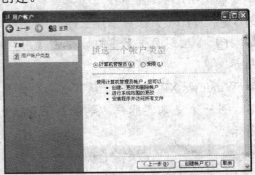

图 5-27　选择账户类型

5.4.4　修改用户账户

对于创建好的用户账户，可以对其进行一系列的修改，如修改密码、更改账户类型、和修改账户图片等。受限类型的账户，只能修改自己的设置；若修改其他用户账户，必须以计算机管理员身份登录。

例 5-10　修改用户账户。

❶ 打开【用户账户】窗口，在窗口中单击要修改的用户账户名称，打开其管理界面。

❷ 如果要为账户创建密码，请单击【创建密码】链接，然后按例 5-9 中所示进行创建即可。如果账户已经有了密码，【创建密码】会变为【更改密码】，单击该链接，可修改账户的密码，修改时，系统会要求输入原始密码。

❸ 如果要修改账户的类型，可单击【更改账户类型】链接，然后在打开的界面中选择账户类型，并单击【更改我的账户类型】按钮，如图 5-28 所示。

❹ 如果要修改账户的显示图片，可单击【更改图片】链接，在打开的界面中选择一个新图片作为账户图片。也可以单击【浏览图片】按钮，在本地资源选择图片。选择完成后，单击【更改图片】按钮即可，如图 5-29 所示。

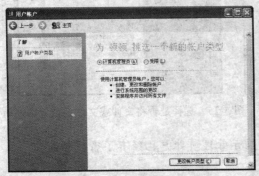

图 5-28　更改账户类型

图 5-29　更改账户的显示图片

5.4.5 删除用户账户

当系统中有多余的账户时，为了便于管理，系统管理员可以将其删除。如果用户使用的是受限账户，则不能删除他人的用户账户。

例 5-11 删除用户账户。

❶ 使用拥有管理员权限的账户登录 Windows XP。

❷ 打开【用户账户】窗口，在【或挑一个账户做更改】选项区域中，单击要删除的用户账户图标，打开该用户账户的管理界面。

❸ 单击【删除账户】链接，系统提示是否保存该账户的文件，如图 5-30 所示。

❹ 若要保留账户文件则单击【保留文件】按钮，否则单击【删除文件】按钮。这里单击【删除文件】按钮，打开对话框询问用户是否删除账户，如图 5-31 所示，单击【删除账户】按钮即可。

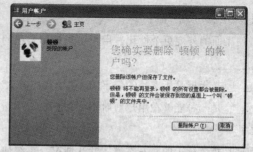

图 5-30　是否保存用户账户的文件　　　　图 5-31　确认是否删除该账户

注意： 单击【保留文件】按钮，可将该账户中的用户配置文件夹中的相关内容(包括视频、音乐、文档和图片等文件夹)保存到桌面上，但是不能保存该账户的收藏夹和电子邮件。单击【删除文件】按钮，将该账户的所有文件全部删除。用户目前所在的账户是不能删除的，换句话说，已经登录的用户不能删除自己的账户。只有进入另外的计算机管理员账户才能进行删除。

5.4.6 启用来宾账户

要使局域网中的其他计算机能够访问自己机器上的资源，就必须启动来宾账户。打开【用户账户】窗口，单击【Guest】账户图标，在打开的窗口中单击【启用来宾账户】按钮即可，如图 5-32 所示。

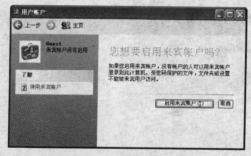

图 5-32　启用来宾账户

要禁用来宾账户，只需在【用户账户】窗口中再次单击来宾账户，在其管理界面单击【禁用来宾账户】链接即可。

本 章 小 结

通过本章的学习，大家应该对 Windows XP 的一些基本设置方法有一个大致了解，并能够创建一个属于自己的个性化的 Windows XP 工作环境。下一章向读者介绍 Windows XP 自带的一些常用小工具的使用方法。

习 题

填空题

1. 为了使桌面的外观更个性化，用户可以使用自己的 BMP 或 JPEG 格式的图像文件作为 Windows XP 的_____。

2. _____是指屏幕所支持的像素的多少，在屏幕大小不变的情况下，它将决定着屏幕显示内容的多少。

3. _____是一种能够在用户暂时不用计算机时屏蔽用户计算机的桌面，防止用户的数据被他人查看到的程序。

4. 鼠标键是指鼠标上的左右按键，默认情况，系统使用左键用于主要操作。但有些用户可能更习惯于左手使用鼠标，此时就需要将鼠标的_____功能进行互换。

5. Windows XP 的账户按照权限的不同可以分为_____账户、标准账户和_____账户。

问答题

6. 什么是屏幕的分辨率和刷新率？

7. 什么是屏幕保护程序？

8. 如何设置系统的时间和日期格式？

上机练习

9. 自定义桌面背景。

10. 设置 Windows XP 的外观为经典样式。

11. 设置屏幕保护程序。

12. 更改系统的指针外观。

13. 创建一个标准账户，以供他人使用计算机时使用。

第 6 章

常用组件工具

Windows XP 自带了一些小工具，灵活并熟练地使用它们，可极大提高用户的工作和学习效率，本章介绍这些工具的用法。通过本章的学习，应该完成以下<u>学习目标</u>：

- ☑ 学会使用记事本
- ☑ 学会使用写字板编辑文档
- ☑ 学会使用画图工具绘制简单的图形
- ☑ 掌握计算器的使用方法
- ☑ 学会使用命名提示符

6.1 使用记事本

Windows XP 的记事本虽然只有新建、保存、打印、查找这几个功能，但它却拥有 Word 等文本处理软件所不可能拥有的优点：文件体积小，打开速度快。同样的文本文件用 Word 保存和用记事本保存的文件大小大不相同，因此，对于大小在 64KB 以下的纯文本建议采用记事本来保存。

单击【开始】|【所有程序】|【附件】|【记事本】命令，可打开记事本程序，如图 6-1 所示。

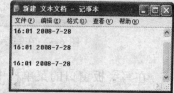

图 6-1 记事本工具

提示：在图 **6-1** 中，我们在记事本文件的开头输入了"**.LOG**"，这样以后每次打开这个文本文件时就会自动记录文本打开的时间。

记事本还有一个不可取代的功能，就是可以无格式保存文件。您可以把记事本编辑的文件保存为.html、.java、.asp 等任意格式，这也意味着记事本可以作为程序语言的编辑器。

6.2 使用写字板

写字板的功能要比记事本强大，具有字体选择、颜色设置、文本格式设置、对象插入、打印页面设置、打印预览等功能。对于一般的文本编辑，写字板的功能已经完全能满足。

6.2.1 使用写字板编辑并保存文档

单击【开始】按钮，在打开的开始菜单中单击【所有程序】命令。在展开的菜单中，单击【附件】|【写字板】命令，打开写字板界面，如图 6-2 所示。

- 菜单栏：提供写字板程序的各种操作命令，方便用户进行相关的操作。
- 工具栏：提供在文字编辑时需要的各种工具按钮，这些工具按钮可以完成文字编辑的大部分操作。
- 格式栏：提供各种格式化文本工具按钮，如设置文本字体、字号、颜色和对齐方式，通过这些格式的设置可以使文本变得更加美观。
- 标尺：利用标尺可以检查文本的布局和位置。

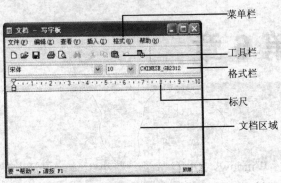

图 6-2　写字板的界面

- 文档区域：用于输入文本内容、更改文本及进行相关对象设置的工作区域。

选择适合的输入法，在文档区域输入文本内容，如图 6-3 所示。完成后，用户可选择输入的字体，并设置它们的格式。图 6-4 中将标题内容的字体为"黑体"，字号为"20"，字型为"加粗"，并居中显示；文本内容的字体设置为"楷体"，字号为"20"，字型为"倾斜"，并居左侧显示；并在文档的首行空了两格。

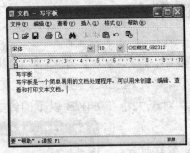

图 6-3　在写字板中输入文本

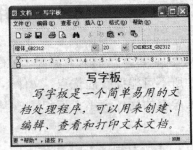

图 6-4　设置文本格式

在写字板窗口的菜单栏中，选择【文件】|【保存】命令，如图 6-5 左图所示。打开图 6-5 右图所示的【另存为】对话框，在文件名文本框中输入文本的名称并设置保存路径，单击【保存】按钮即可保存编辑的写字板文档。

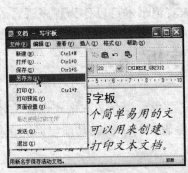

图 6-5　保存写字板文档

6.2.2 在写字板中插入并编辑对象

在写字板主界面选择【插入】|【对象】命令，打开【插入对象】对话框，如图 6-6 所示。可以看出，写字板中可以插入的文件格式是很多的，如 Photoshop 图像、Office 办公组件中的各种文件、位图、视频剪辑等。

选择【Microsoft Office Excel 图表】选项，单击【确定】按钮，即可出现图 6-7 所示的 Excel 编辑界面。从图 6-7 可以看出，在写字板中插入 Excel 图表其实就是调用 Microsoft Office Excel 软件来绘制需要插入的图表。

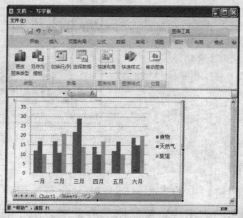

图 6-6 【插入对象】对话框   图 6-7 编辑插入对象

绘制好图表后，在页面的空白处双击，即可回到文字编辑界面，如图 6-8 所示。图 6-8 中的矩形框就是插入图像的大小，拉动边界线可以扩大或缩小插入图像的大小。写字板的另一项功能就是特定粘贴，选择【编辑】|【特殊粘贴】命令，用户可以向文本中粘贴特定格式的文件，如图 6-9 所示。

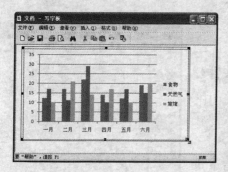

图 6-8 回到文字编辑界面   图 6-9 选择性粘贴

6.3 使用画图工具

相对于 Photoshop、Illustrator 等专业的图像处理软件，Windows XP 自带的画图工具虽然功能比较少，但对于一些简单的图像绘制和处理，还是可以胜任的。

6.3.1　了解画图工具

单击【开始】|【所有程序】|【附件】|【画图】命令，可打开画图程序，如图 6-10 所示。屏幕右侧的一大块白色区域就是用户的画布了，左侧是工具箱，下面是调色板。

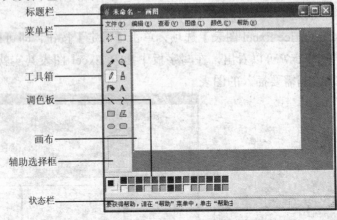

图 6-10　画图工具的界面

1．画布

画图程序窗口中的工作区部分称为画布。用户可以用鼠标拖曳画布的边角来改变画布的大小，画布的大小决定绘制图形的范围。画布的大小确定后，所能绘制的图形范围也就固定了，画布之外的区域便不能再进行操作。

2．调色板

调色板的左边是绘图时的前景色和背景色的显示，右边有 28 种颜色供用户选择。在调色板中，可以任意设置前景色和背景色，前景色被称为作图色，即所需要的画笔颜色，而背景色是画布的颜色。在调色板右边的颜色选择框中单击可以选取前景色，右击可以选取背景色。

3．工具箱

工具箱中存放有 16 种常用的工具。每选择一种工具时，下面的辅助选择框中会出现相关的信息。例如，选择【放大镜】工具，会显示放大的比例；选择【刷子】工具，会出现刷子大小及显示方式的选项，用户可进行选择。

画布的周围有 8 个控制点，但是只有右下角的一个控制点以及右边边线和下边边线中点的两个控制点可以使用。当用户需要改变画布的大小，可将光标移动到右下角的控制点附近，光标变为双向箭头样式时，如图 6-11 所示，通过拖动鼠标即可改变画布的大小。

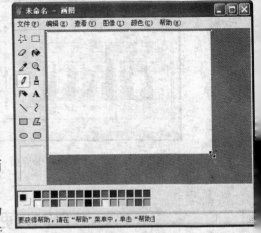

图 6-11　更改画布大小

6.3.2　绘制并保存图形

画图程序中的各种工具虽然很简单，但运用得当还是能够画出美观的图像。

1. 绘制曲线

在使用画图程序时，用户经常会使用曲线工具绘制图形。例如，使用曲线工具绘制春天的垂柳、弯曲的公路、高低起伏的破浪以及巍峨的山脉等。常见的曲线画法有两种，一种是一弯曲线，如图 6-12 所示，另一种是两个对弯曲线，如图 6-13 所示。

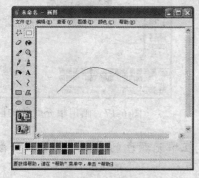 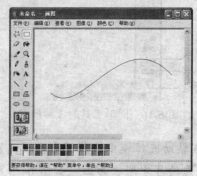

图 6-12　一弯曲线　　　　　　　　图 6-13　两个对弯曲线

画曲线时，必须拖动两次才能完成操作。若用户在绘制曲线时，忽然间曲线没有了。可能是由于画一弯曲线时，只拖动了一次。要避免这种情况的发生只有原地不动再单击一次，这时曲线就不会消失了。总之，用户要记住规律：画曲线必须拖动两次而且只能拖动两次。

曲线除了上述的用法之外，还可以在绘图区单击任意 3 点(假设 A、B、C)，将自动形成一个封闭区域，如图 6-14 所示。封闭区域的大小与第三点 C 有关，当 C 点位置变高时，封闭区域也随之变大。封闭区域的大小和方向可以任意改变，用户在单击 C 点时暂时不要松开鼠标，然后按自己的要求改变封闭区域的大小和方向。图 6-15 就是对图 6-14 拖动形成的封闭区域。

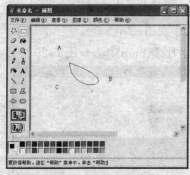 

图 6-14　形成封闭区域　　　　　　图 6-15　改变封闭区域大小和形状

2. 绘制圆形图形

画图程序中圆形工具共有 3 种模式：透明模式、覆盖模式和填充模式。单击圆形工具按钮，在辅助选项框中将显示 3 种模式的圆形工具，如图 6-16 所示。巧用这 3 种模式可以画出各种有趣的图形。

例 6-1　使用覆盖模式和填充模式圆形工具绘制一个如图 6-19 所示的月牙。

❶ 在工具箱中单击【圆形】工具按钮，然后在辅助选择框中选择【覆盖模式】选项，接着单击填充工具并选择■颜色，按住 Shift 键，在绘图区域画出如图 6-17 所示的圆。

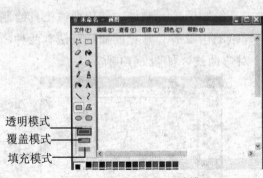

透明模式

覆盖模式

填充模式

图 6-16　圆形工具的 3 种模式

图 6-17　画出填充颜色的圆

❷ 在辅助选择框中选择【覆盖模式】选项，在填充颜色的圆中绘制另一个覆盖圆，直到留下满意的月牙形状为止，如图 6-18 所示。

❸ 单击【橡皮/彩色橡皮擦】工具按钮，在辅助选择框中选择一种橡皮样式，将月牙的多余部分擦除，最终的月牙效果如图 6-19 所示。

图 6-18　绘制覆盖的圆

图 6-19　月牙的效果

❹ 选择【文件】|【另存为】命令，如图 6-20 左图所示。

❺ 打开【保存为】对话框，将文件保存为"月牙.bmp"，如图 6-20 右图所示。

图 6-20　保存文件

注意：默认情况下，橡皮擦将所擦除的任何区域更改为白色，但用户也可以更改橡皮擦的颜色。例如将橡皮擦颜色设置为黄色，则所擦除的任何部分将变成黄色。

Windows XP 的画图程序支持将用户绘制的图像保存为多种格式，默认保存为 BMP 格式，用户可以在【保存为】对话框的【保存类型】下拉列表框中选择文件的保存类型。

6.3.3　画图工具的高级用法

很多情况下，用户可能需要修改图像的大小，但又不希望失真。利用画图工具，可以很方便地实现这种效果。选择【图像】|【调整大小和扭曲】命令，打开【调整大小和扭曲】对话框。设置水平和垂直缩放的比例，单击【确定】按钮即可，如图 6-21 所示。

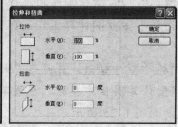

图 6-21　调整图像大小

另外，画图工具还可用来检测 LCD 液晶屏幕的暗点。选择【文件】|【新建】命令，新建一个画图文件。首先来修改画布的大小，选择【图像】|【属性】命令，在打开的对话框中将画布大小设置为 1024*768 像素，如图 6-22 所示。然后用工具箱中的【颜色填充】工具，分别将画布填充为蓝色、绿色和白色，观察画布上有无坏点。

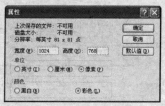

图 6-22　调整画布大小

6.4　使用计算器

计算器是一个数学计算机工具软件，其功能类似于人们日常生活中使用的小型计算器。用户可以使用计算器进行简单的数学运算，如加减乘除、平方、开方以及二进制等。单击【开始】按钮，在打开的【开始】菜单中单击【所有程序】命令，在展开菜单中选择【附件】|【计算器】命令，可打开计算器工具，界面 6-23 所示。

计算器程序分为"标准型"和"科学型"两种工作模式，而在"科学性"工作模式下的计算器功能更为完善。图 6-23 所示的界面就是"标准型"计算器。此工作模式下的计算器可以满足用户大部分简单计算的要求。例如，要计算"24*23"的值。可在"标准型"

计算器中分别单击 2、4、*、2、3 按钮，单击"="按钮，在数值框中即可显示算式的结果，如图 6-24 所示。

图 6-23　标准计算器程序界面　　　　图 6-24　计算器程序界面

　　科学型计算器具备判断运算顺序和进行复杂混合运算的功能，所以它适用于多种领域的计算工作，包括从事专业的计算工作。在使用科学型计算器之前，需要将计算器设置为科学型工作模式。

例 6-2　使用科学型计算器计算算式"956-58*32+2^{10}"的二进制结果。

❶ 打开标准型计算器程序界面，在菜单栏上选择【查看】|【科学型】命令，设置为科学型工作模式，如图 6-25 所示。

❷ 打开如图 6-26 所示的科学型计算器界面，分别单击 9、5、6、-、5、8、*、3、2、+、2、x^y、10 按钮。

图 6-25　设置为科学型工作模式　　　图 6-26　科学型计算器界面

❸ 单击【=】按钮，在数值框中将显示十进制计算结果，如图 6-27 所示。

❹ 选中【二进制】单选按钮后，此时在数值框中显示二进制的计算结果，如图 6-28 所示。

图 6-27　显示十进制计算结果　　　　图 6-28　显示二进制计算结果

6.5　使用命令提示符

命令提示符也就是 Windows 95/98 下的 MS-DOS，由于 DOS 运行安全、稳定，所以 Windows 的各种版本都与其兼容，用户可以在 Windows 系统下运行 DOS。Windows XP 中的命令提示符进一步提高了与 DOS 命令的兼容性，用户甚至可以在命令提示符窗口中直接输入中文来调用文件。

打开【开始】菜单，单击【运行】命令，在打开的【运行】对话框中输入 cmd 并按 Enter 键，即可打开命令提示符窗口，如图 6-29 所示。

图 6-29　打开命令提示符窗口

命令提示符默认的位置是 C 盘下的"我的文档"，界面以白字黑底显示，用户可以通过设置来改变其显示方式，以及字体、字号等。

右击命令提示符窗口的标题栏，从弹出的快捷菜单中选择【属性】命令，打开命令提示符窗口的属性对话框，默认打开的是【选项】选项卡。

- 在【选项】选项卡中，用户可以改变光标的大小及其显示方式，包括【窗口】和【全屏提示】两种。在【命令记录】选项区域可以改变缓冲区的大小和数量，如图 6-30 所示。
- 在【字体】选项卡中，用户可以设置字体的大小，还可以选择是使用【点阵字体】还是【新宋体】，如图 6-31 所示。

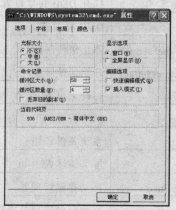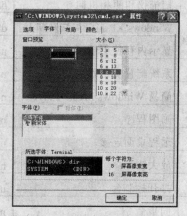

图 6-30　【选项】选项卡　　　　　图 6-31　【字体】选项卡

- 在【布局】选项卡中，用户可以自定义屏幕缓冲区大小及窗口的大小，【窗口位置】选项区域显示了窗口在显示器上所处的位置，如图 6-32 所示。
- 在【颜色】选项卡中，用户可以自定义屏幕文字、背景以及弹出窗口文字、背景的

颜色，可以通过选择所列出的小色块，也可以在【选定的颜色值】中输入精确的
RGB 比值来确定颜色，如图 6-33 所示。

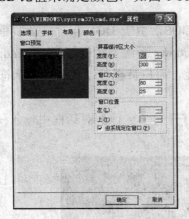

图 6-32　【布局】选项卡

图 6-33　【颜色】选项卡

表 6-1 列出了常用的 DOS 命令及其功能说明，例如在命令提示符下输入 mem.exe 后按
Enter 键，可查看系统内存使用情况。

表 6-1　常用 DOS 命令

命　令	说　明	命　令	说　明
winver	检查 Windows 版本	dxdiag	检查 DirectX 信息
wmimgmt.msc	打开 Windows 管理体系结构	drwtsn32	系统医生
wupdmgr	Windows 更新程序	devmgmt.msc	设备管理器
wscript	Windows 脚本宿主设置	dfrg.msc	磁盘碎片整理程序
write	写字板	diskmgmt.msc	磁盘实用管理程序
winmsd	系统信息	dcomcnfg	打开系统组件服务
wiaacmgr	扫描仪和照相机向导	ddeshare	打开 DDE 共享设置
winchat	Windows XP 自带局域网聊天	dvdplay	DVD 播放器
mem.exe	显示内存使用情况	net stop messenger	停止信使服务
msconfig.exe	系统配置实用程序	net start messenger	开始信使服务
mplayer2	简易 Windows Media Player	notepad	打开记事本
mspaint	画图程序	nslookup	网络管理的工具向导
mstsc	远程桌面连接	ntbackup	系统备份和还原
magnify	放大镜程序	narrator	屏幕讲述人
mmc	打开控制台	ntmsmgr.msc	移动存储管理器
mobsync	同步命令	ntmsoprq.msc	移动存储管理员操作请求
netstat-an	TC 命令检查接口	sndvol32	音量控制程序
syncapp	创建一个公文包	sfc.exe	系统文件检查器
sysedit	系统配置编辑器	sfc/scannow	Windows 文件保护
sigverif	文件签名验证程序	tsshutdn	60 秒倒计时关机

(续表)

命 令	说 明	命 令	说 明
sndrec32	录音机	tourstart	漫游 Windows XP
shrpubw	创建共享文件夹	taskmgr	任务管理器
secpol.msc	本地安全策略	eventvwr	事件查看器
syskey	系统加密	eudcedit	造字程序
services.msc	本地服务设置	explorer	打开资源管理器
packager	对象包装程序	cmd.exe	cmd 命令提示符
perfmon.msc	计算机性能监视程序	chkdsk.exe	chkdsk 磁盘检查
progman	程序管理器	certmgr.msc	证书管理实用程序
regedit.exe	注册表	calc	计算器
rsop.msc	组策略结果集	charmap	字符映射表
regedt32	注册表编辑器	cliconfg	SQL Server 客户端网络实用程序
rononce-p	15 秒关机	clipbrd	剪贴板查看器
regsvr32/u *.dll	停止 dll 文件运行	conf	启动 netmeeting
regsvr32/u zipfldr.dll	取消 zip 支持	compmgmt.msc	计算机管理
cleanmgr	垃圾整理	lusrmgr.msc	本地用户和组
ciadv.msc	索引服务程序	logoff	注销命令
osk	打开屏幕键盘	iexpress	木马捆绑工具
odbcad32	ODBC 数据源管理	nslookup	IP 地址侦测器
oobe/msoobe/a	检查 XP 是否激活	fsmgmt.msc	共享文件夹管理器
utilman	辅助工具管理器	gpedit.msc	组策略

本 章 小 结

利用 Windows XP 提供的一些组件工具，用户可以更加轻松地享受计算机为生活所带来的便捷性。例如，使用记事本可以编写纯文本文件，使用画图可以绘制简单的图形，使用计算器可以进行日常的计算，实用命令提示符可以快速访问某些系统工具或执行某项特殊功能。本章对这些最常用工具的用法作了详细介绍，下一章向读者介绍 Windows XP 的多媒体娱乐工具。

习　题

填空题

1. 使用_____工具可快速显示和编辑扫描获得的图片。

2. 计算器程序分为"标准型"和"科学型"两种工作模式，而在_____工作模式下的计算器功能更为完善。

3. _____也就是 Windows 95/98 下的 MS-DOS，由于 DOS 运行安全、稳定，所以 Windows 的各种版本都与其兼容。

简答题

4. 如何使用画图工具检测 LCD 液晶屏幕的坏点或暗点？

5. 如何设置命令提示符的外观？

上机操作题

6. 使用画图工具将一幅图片调整为原来大小的 50%。

7. 实用 DOS 命令打开系统配置实用程序，查看计算机中启动的程序。

第 7 章

多媒体娱乐工具

本章主要介绍 Windows XP 多媒体娱乐工具的用法。通过本章的学习，应该完成以下

学习目标：

- ☑ 学会设置多媒体属性
- ☑ 掌握 Windows 录音机的用法
- ☑ 学会使用 Windows Media Player 11 导入和播放音频、视频等媒体文件
- ☑ 学会使用 Windows Movie Maker
- ☑ 学会禁止光盘自动播放

7.1 设置多媒体属性

用户在使用多媒体的时候，常常需要根据自己的计算机配置情况设置一些属性选项以便操作。用户可以通过控制面板设置声音、音频、语音以及各种多媒体硬件设备的属性参数。

7.1.1 调节音量

多媒体文件的播放声音大小由两个因素决定，一个是系统音量的设置大小，另一个是播放软件中音量的设置大小。这里介绍的是系统音量的设置方法。

打开【控制面板】窗口，单击其中的【声音、语言和音频设备】图标，打开【声音、语言和音频设备】窗口，如图 7-1 所示。单击【声音和音频设备】图标，打开其属性对话框，默认打开的是【音量】选项卡，如图 7-2 所示。

图 7-1 【声音、语言和音频设备】窗口

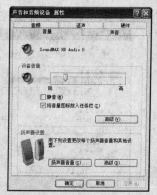

图 7-2 【音量】选项卡

在【音量】选项卡中拖动音量滑块可以调节系统的音量，系统音量包括声音适配器的

音量和扬声器的音量。单击【设置音量】选项区域的【高级】按钮，可以打开相应的【主音量】对话框，如图 7-3 所示。在【平衡】滑杆上移动滑块，可以调节声音的左右声道输出；在【音量】滑杆上移动滑块可以调节音量大小，往上为加大音量。

选中【设备音量】选项区域的【将音量图标放入任务栏】复选框，即可在任务栏显示音量调节图标。在任务栏单击【音量】图标，打开图 7-4 所示的调节框，可通过它来快速调节系统主音量，选中【静音】复选框，播放音频、视频文件时将没有声音。

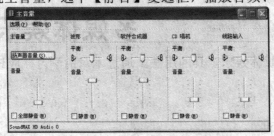

图 7-3　【主音量】对话框　　　　　图 7-4　快速调节系统主音量

7.1.2　设置音频

将【声音和音频设备属性】对话框切换到【音频】选项卡，如图 7-5 所示。用户可以为声音播放、录音和 MIDI 音乐播放选择首选设备，还可以单独调节音量或进行较为高级的设置。

- 默认设备：默认设备是用来播放音频文件的设备，用户可以设定默认设备，以使系统在有多个设备可用的情况下优先选择该设备来进行音频播放或者录音。
- 录音设置：在【录音】选项区域中，从【默认设备】下拉列表中可以选择录音的首选设备。单击【音量】按钮，可打开【录音控制】对话框，如图 7-6 所示。在该对话框中，调节各个平衡控制滑块可以改变录音时左右声道的平衡状态，调节音量控制滑块可以改变录音的音量大小。在【录音】选项区域中单击【高级】按钮，将打开【高级音频属性】对话框，用户可以设置录音的硬件加速功能和采样率转换质量。
- MIDI 音乐播放设置：在【MIDI 音乐播放】选项区域中，从【默认设备】下拉列表框中选择 MIDI 音乐回放首选设备。如果用户希望设置 MIDI 音乐回放的音量，单击【音量】按钮，在【音量控制】对话框中调整播放音量。

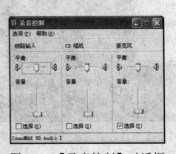

图 7-5　【音频】选项卡　　　　　图 7-6　【录音控制】对话框

7.1.3 设置语音和硬件设备

将【声音和音频设备属性】对话框切换到【语声】选项卡，如图 7-7 所示。在该选项卡中，用户可以设置语音播放和语音捕获所使用的首选设备。

将【声音和音频设备属性】对话框切换到【硬件】选项卡，如图 7-8 所示。在此选项卡中用户可以查看、修改和删除多媒体设备。

图 7-7 【语声】选项卡

图 7-8 【硬件】选项卡

【设备】列表框中列出了用户计算机上所有的多媒体硬件设备，选中其中的多媒体硬件设备后单击【属性】按钮，可查看当前硬件设备的状态，以及选择该设备是否可用等。

7.1.4 设置系统提示音

将【声音和视频设备属性】对话框切换到【声音】选项卡，如图 7-9 所示。用户如果对系统的各种时间提示音不满意，可以在该选项卡中进行更改。系统声音方案指的是应用于系统和程序事件的一组声音。当系统中的某个事件发生时，系统可以通过声音提示用户当前的时间性质和内容。用户可以在【无声】、【Windows 默认】和用户自己定义的声音方案中进行选择。

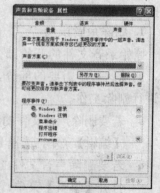
图 7-9 【声音】选项卡

7.2 使用录音机

录音机是 Windows XP 提供的一种语音录制设备，可以帮助用户在计算机上从各种设备(例如插入到声卡中的麦克风)中将声音录制为数字媒体文件。打开【开始】菜单，单击【所有程序】命令，在展开的菜单中选择【附件】|【娱乐】|【录音机】命令，即可启动录音机程序，如图 7-10 所示。

图 7-10 录音机程序

7.2.1 录制并播放声音文件

要录制声音，首先要有输入设备，即声源。如果希望录下 CD 中或其他音响系统中的音乐，则需要将声源电缆连入声卡。连接并设置好声音输入设备后，单击【录音】按钮 ，即可开始录音。波形显示栏 左边的方框中显示已录制的声音文件的时间长度，右边显示总共可以录制的声音文件的长度。单击【停止】按钮 ，完成录音。在菜单栏中选择【文件】|【另存为】命令，可保存录制好的声音文件，默认格式是.WAV。

用户可以在录音机中播放音频文件，选择【文件】|【打开】命令，打开要播放的声音文件，并单击【播放】按钮 进行播放。Windows XP 带有一些为 Windows 事件而配置的音频文件，这些文件保存在 Windows XP 系统文件夹下的 Media 文件夹内。用户可以选择打开其中任何一个文件来听一听它们的效果。在播放文件的同时，录音机窗口中的波形显示栏会显示出该文件的波形效果。

7.2.2 处理声音特效

用户在录制好声音文件后，对其录制的效果可能会感到不太满意，这时可以进行一定的编辑处理使其达到令人满意的效果。根据用户的需要还可以对声音进行技术处理，增强某些方面的效果。

1. 删除声音段

原始录音文件的开始部分常常有片刻的静默或杂音，末尾部分往往还有些不必要的噪音，删除这些不需要的部分，既可以提高录音质量，也可以节省磁盘空间。执行下列操作可进行删除工作。

- 若要删除声音文件的起始部分，先将标尺放置在要删除的起始部分的末尾。然后打开【编辑】菜单，选择【删除当前位置之前的内容】命令，则可删除标尺之前的所有内容。
- 若要删除声音文件的结尾部分，可将标尺放置在要删除的结尾部分的起始处。然后打开【编辑】菜单，选择【删除当前位置之后的内容】命令，则可删除标尺之后的所有内容。

对于本来就很短的声音文件要准确找出要删除部分的起始点与终止点并不十分容易，需要经过多次尝试。

2. 声效处理

对于声音文件，可以对其效果进行处理，以产生许多独特的声音增强效果。【效果】菜单中列出了声音效果处理选项，如图 7-11 所示。

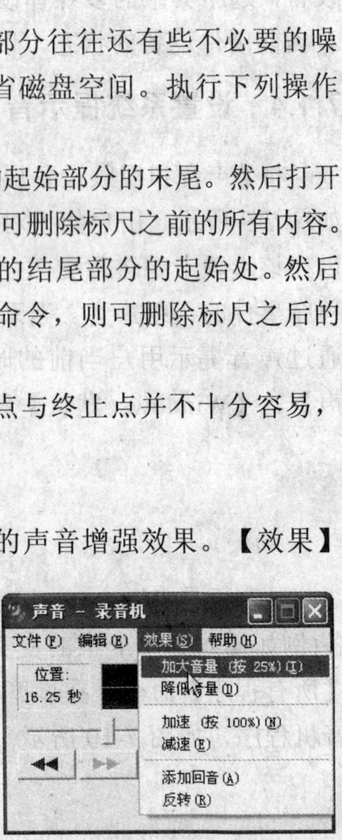

- 加大音量：按每次增加 25％的幅度增大声音文件播放的音量；
- 降低音量：按每次减少 25％的幅度减少声音文件播放的音量；
- 添加回音：给声音加入回响效果。如果一次操作后的回响效果不很明显，则需要重复执行几次【添加回音】命令；
- 加速：按每次增加 100％的幅度增加声音文件播放的速率；

图 7-11　处理声音效果

● 减速：按每次减少 100% 的幅度减少声音文件播放的速率；

● 反转：使当前声音文件倒放。倒放后如果想恢复正常播放状态则可再次运用【反转】命令。

上述声效处理功能可以使原有声音文件产生特殊效果，如果用户不满意已经做的编辑，可选择【文件】|【还原】命令来恢复上一次存盘时的声音文件。

7.3　使用 Windows Media Player 11

Windows Media Player 是一种通用的多媒体播放器，可以收听世界范围内的广播电台的广播，播放和复制您的 CD、寻找 Internet 上提供的电影，以及创建计算机上所有媒体的自定义列表，并且可以和一些便携式的媒体播放软件如 MP3 播放器、CD 随身听等音频设备进行文件的同步。Windows XP SP3 中内置了 Windows Media Player 的最新版本——Windows Media Player 11。

7.3.1　启动 Windows Media Player 11

打开【开始】菜单，单击【所有程序】命令，在展开菜单中单击【Windows Media Player】命令，初次启动 Windows Media Player 时，会要求进行初始设置，如图 7-12 所示。

选中【快速设置】单选按钮，单击【完成】按钮，对 Windows Media Player 11 完成快速设置后，即可进入 Windows Media Player 11 程序，如图 7-13 所示。

图 7-12　对 Windows Media Player 11 进行
　　　　　初始化设置

图 7-13　Windows Media Player 11 的程序界面

Windows Media Player 11 提供了 3 种不同的视图，图 7-13 显示的是完整视图，通过右下角的切换按钮 和 ，可在最小化模式和全屏视图间进行切换。

　　提示：如果用户看不到导航窗格和列表窗格，可单击【布局选项】按钮 下的【显示导航窗格】和【显示列表窗格】命令将它们显示出来。

7.3.2　了解媒体库

在 Windows Media Player 的以前版本中，如果要播放音频和视频文件，通常是打开

Windows 资源管理器，找到并右击要播放的文件，从快捷菜单中单击【使用 Windows Media Player 播放】命令。现在，通过 Windows Media Player 11 的媒体库，用户可以更加方便地完成以上操作。

媒体库可以理解为一个保存了媒体信息的数据库，用户在将音频、视频以及各种图形文件导入到媒体库中的时候，Windows Media Player 会自动对所有导入的媒体文件进行分析，并从中获得文件的详细信息。Windows Media Player 将媒体文件作为"媒体"来管理，远比 Windows 资源管理器中将媒体文件作为"文件"管理要方便。

如果媒体文件都保存在某些特定的位置，例如 Windows XP 的"音乐"文件夹，那么 Windows Media Player 11 会自动监视它们。如果发现文件夹中有没有导入到媒体库中的文件，就会自动将其导入。用户只需在系统提示时单击【确定】按钮即可，至于导入所需的时间，则取决于需要导入文件的数量以及文件的保存位置。

> **Windows Media Player 11 都会监视哪些文件夹以及文件夹类型？**
>
> 默认情况下，Windows Media Player 11 只能监视当前用户的私人文件夹(例如当前登录用户的音乐、视频、图片等文件夹)，以及系统中所有的公用文件夹。Windows Media Player 11 可以播放和监视的文件类型有 .asf、.wma、.wmv、.avi 等。

但是通常情况下，用户习惯于将各种媒体文件保存在硬盘的不同位置，为了使 Windows Media Player 能监视到这些文件夹中媒体的变化，需要用户手动将它们添加到 Windows Media Player 的监视列表。简单说，就是当添加了新的媒体文件后，这些文件的信息会被很快收录到媒体库中；而当用户从硬盘上删除了某个媒体文件后，媒体库中关于这些文件的信息也很快会被删除。

例 7-1 手动向 Windows Media Player 11 监视列表中添加文件夹。

❶ 启用 Windows Media Player 11，在窗口顶端的工具栏单击【媒体库】|【更多选项】命令，打开【选项】对话框，切换到【媒体库】选项卡，如图 7-14 所示。

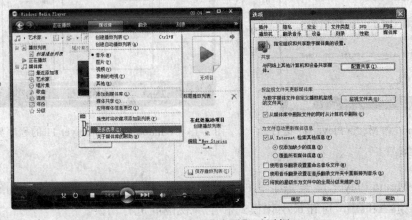

图 7-14　打开【选项】对话框

❷ 单击【监视文件夹】按钮，打开【添加到媒体库】对话框，单击【更多选项】按钮，如图 7-15 左图所示。选中【我的文件夹以及我可以访问的其他用户的文件夹】单选按钮，然后单击【添加】按钮，在打开的对话框中将用于保存媒体文件的文件夹全部添加进去，如图 7-4 右图所示。用户还可以直接添加网络共享文件夹的路径，但需要访问者具有相关权限。

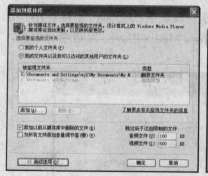

图 7-15　向监视列表中添加文件夹

❸ 单击【确定】按钮，进度框显示正在将文件复制到媒体库中，完成后单击【关闭】按钮，如图 7-16 所示。

图 7-16　文件的添加进度

❹ 如果不再需要监视某个文件夹，可在【添加到媒体库】对话框中选中这些文件，然后单击【删除】按钮。

❺ 如果要添加的媒体文件具有不同的音量，那么 Windows Media Player 11 在播放不同视频文件时音量就有可能或大或小。此时可选中【为所有文件添加音量调节值】复选框。这样一来，在将文件导入到媒体库的时候，Windows Media Player 将自动判断音乐文件的音量等级，并将其调整到一个适中的状态。

7.3.3　浏览与搜索媒体文件

在 Windows Media Player 11 的导航窗格中，可以发现【媒体库】节点下还有【最近添加项】、【艺术家】、【唱片集】、【歌曲】、【流派】、【年份】、【分级】等节点。单击这些节点即可按照相应的类别来查看所有媒体文件。例如，如果希望按照流派来查看媒体库中的文件，可单击【流派】节点，结果如图 7-17 所示。同一流派的媒体文件被放在了一起。

这里，艺术家、唱片集、歌曲、流派、年份等这些文件本身带有的数据被称为"元数据"，元数据可理解为描述数据的数据，可用于索引。Windows Media Player 11 可以读取导入文件的元数据，从中获取歌曲名称、唱片名称、曲目编号等信息，然后直接将这些信息写入到媒体库中供用户使用。

在 Windows Media Player 11 中可以发现，并不是所有媒体文件的元数据都是完整的，例如不完整的歌曲，只包含了歌曲的名称和歌手等信息。此时，可以通过网络下载的方式来获取缺失的元数据。只需重新打开【选项】对话框的【媒体库】选项卡，选中【从 Internet 检索其他信息】复选框，推荐选中下面的【仅添加缺少的信息】单选按钮，可让 Windows

Media Player 在保留歌曲原有信息的同时下载缺失的信息。不推荐用户选中【覆盖所有媒体信息】单选按钮，因为这样会让 Windows Media Player 忽略现有信息，而将所有信息都通过网络下载。

图 7-17　按流派来浏览媒体文件

　　如果有些媒体文件本身不包含元数据，也无法通过网络获取，则只能手动输入。在需要编辑的媒体文件上右击，从快捷菜单中单击【高级标记编辑器】命令，打开【高级标记编辑器】对话框，在该对话框中可修改与该媒体相关的信息，如图 7-18 所示。

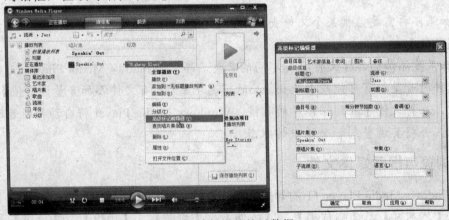

图 7-18　编辑媒体的元数据

　　当媒体库中包含太多的媒体文件，如何从中快速找到自己所需的内容呢？Windows Media Player 提供了搜索功能。在搜索框中输入相应的关键字，Windows Media Player 会动态显示搜索结果，并随着用户的输入而结果越来越精确，如图 7-19 所示。

图 7-19　搜索媒体文件

7.3.4　播放媒体文件

Windows Media Player 11 默认处于音频模式，媒体库中只能显示音频文件。要播放音频文件，最简单的方法就是双击它。用户也可以右击音频文件，选择更多的播放方式，如图 7-20 所示。

- 播放：可以直接停止当前正在播放的内容，而转为播放选中的歌曲。
- 添加到"正在播放"：可以将选中的音频媒体添加到"正在播放"列表中。这样，等当前播放的内容结束后，即可播放新的内容。
- 添加到：可以将选中的媒体添加到某个播放列表中。
- 分级：设置媒体文件的等级信息，等级越高，表示越喜欢这个文件。对于喜欢的内容，可将其设置为较高的等级。
- 查找唱片集信息：如果被选中的歌曲信息有变化，可以使用该命令在网上更新歌曲信息。
- 更新唱片集信息：如果选中歌曲的信息不完整，例如缺少封面或者曲目信息，可以使用该命令从网络上更新。
- 删除：使用该命令可以将选中的歌曲从媒体库或者本地硬盘上删除。
- 打开文件位置：使用该命令可以自动打开 Windows 资源管理器窗口，并在里面显示被选中歌曲对应的文件。

如果要播放视频媒体，需要将 Windows Media Player 切换到视频模式下。单击窗口左上方工具栏下的模式切换按钮，选择【视频】命令，如图 7-21 所示。

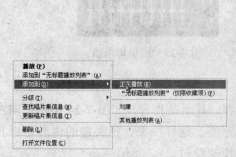

图 7-20　音频文件的播放选项　　图 7-21　将 Windows Media Player 11 切换到视频模式下

在播放视频文件时，Windows Media Player 11 还有一个专用的功能：全屏模式。在播放视频时，双击画面即可进入全屏模式。进入全屏模式后，屏幕上将只显示播放的视频内容，而自动隐藏其他窗口和 Windows Media Player 11 的播放控件。在全屏模式下，只要移动鼠标，屏幕下方就会显示播放控件。用户可以进行播放、暂停、静音等多种操作。

Windows Media Player 的全屏模式还具有锁定功能，用户可以设置一个 4 位数字的密码，将全屏模式锁定，而如果希望退出全屏模式，则需要提供正确的密码。要使用锁定功能，可单击屏幕右下角的【锁定】按钮，然后在右侧输入 4 位密码即可。

7.3.5 播放设置

在播放媒体文件时，通过设置 Windows Media Player 11 可以获得十分好的播放效果。

1. 增强功能面板

默认情况下，Windows Media Player 11 的增强功能面板是关闭的。打开【正在播放】选项卡，依次单击【增强功能】|【显示增强功能】命令，Windows Media Player 中会显示一个增强功能面板，如图 7-22 所示。Windows Media Player 提供的增强功能有颜色选择器、图形均衡器等。单击按钮 和 ，可在不同的增强功能间切换。

(1) 颜色选择器

图 7-22 中打开的便是颜色选择器，通过拖动上面的滑块可对应调整视频图像的颜色和饱和度。

(2) 图形均衡器

用于调整不同频率声音的增益，如图 7-23 所示。如果对音质的要求比较高，可以在此进行调节，以便得到不同风格的音质。用户也可以单击【默认】链接，从预设方案中选择自己喜欢的风格。

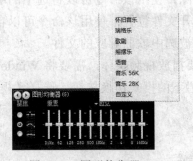

图 7-22　显示增强功能面板　　　　图 7-23　图形均衡器

(3) 播放速度设置

该功能可帮助用户快速跳过不喜欢的视频内容，甚至是伴音。如图 7-24 所示，向左拖动滑块可以减慢播放速度，向右则可以加快播放速度。这样一来，感兴趣的内容可以正常播放，甚至减慢速度仔细欣赏。不喜欢的则可以快速跳过。

(4) 安静模式

启用该功能后，Windows Media Player 会自动调整音频文件中最高音和最低音之间的差别。例如，如果有一段音频文件中的主要声音很小，但偶尔有一些比较大的声音出现，那么当播放较大的声音时，Windows Media Player 会自动降低这些声音的音量。【中等差别】和【微小差别】表示音量被降低的不同程序，如图 7-25 所示。

图 7-24　播放速度设置　　　　图 7-25　安静模式

(5) SRS WOW 效果

启用该功能可以提升音频文件的播放效果。SRS 可以让音响发出更加立体的声音效果，而 WOW 可以在很小的音响上产生增强的低音效果。用户可以单击【标准扬声器】链接，然后选择适合自己的声音输出方案。除此之外，还可以通过拖动【TrueBass】和【WOW 效果】两个滑块对这两个功能进行微调，如图 7-26 所示。

(6) 视频设置

如图 7-27，可设置视频图像的色调、亮度、饱和度和对比度。

图 7-26　SRS WOW 效果

图 7-27　视频设置

(7) 交叉淡入淡出和音量自动调节

在听音乐的时候，启用【交叉淡入淡出】功能后，当前一首歌曲播放到结尾的时候声音会渐渐由大到小淡出，同时下一首歌的声音会由小到大淡入，直到完成两首歌的切换。拖动该功能下方的滑块，可以确定两首歌之间淡入淡出的时间，如图 7-28 所示。

启用【音量自动调节】功能后，如果当前正在播放的声音中有大有小，那么 Windows Media Player 会在播放的时候使用统一大小的音量。从而避免了在同样的系统音量设置下，这首歌的声音很大，而那首歌的声音太小听不清楚。

2. 可视化效果

所谓可视化效果，实际上就是在屏幕上显示一些随着音乐节奏产生变化的图形效果。Windows Media Player 自带了许多可视化效果，在播放音频媒体时，单击【正在播放】|【可视化效果】下的命令，即可打开该可视化效果，如图 7-29 所示。

图 7-28　交叉淡入淡出和音量自动调节

图 7-29　启用可视化效果

虽然可视化效果好看，但如果大部分时间让 Windows Media Player 11 在后台播放音乐，同时还运行其他程序，这将影响系统的性能。

7.3.6　翻录 CD

许多音乐爱好者都有收藏 CD 的爱好，对于大量的 CD，可以选择将它们翻录到计算机中，并保存为数码格式的音乐文件。这样用户就可以随时播放自己的收藏，而不用担心每次播放 CD 对 CD 和光驱的磨损。

例 7-2 从 CD 上翻录音乐。

❶ 在进行翻录之前,用户需要首先根据自己的需求对 Windows Media Player 11 进行一些设置。当然,采用 Windows Media Player 11 默认的设置进行翻录也会是不错的选择。运行 Windows Media Player 11,单击【翻录】|【更多选项】命令,打开【选项】对话框,然后切换到【翻录音乐】选项卡,如图 7-30 所示。

❷ 在【翻录音乐到此位置】选项下显示了翻录出来的音乐文件默认的保存位置,用户可以单击右侧的【更改】按钮选择其他保存位置。

❸ 在【格式】下拉菜单中可以选择翻录出来的音乐文件的压缩格式:Windows Media 音频、Windows Media Audio Pro、Windows Media 音频(可变比特率)、Windows Media 音频无损、MP3、WAV。除了最后的 WAV 格式外,其他的均为有损压缩。通常情况下,建议用户选择使用【Windows Media 音频(可变比特率)】压缩格式,因为这种格式的压缩率是动态变化的,可以在音乐内容丰富的时候自动使用较高的比特率,而在音乐内容不是那么丰富的时候使用较低的比特率。

❹ 选择好一种压缩格式后,选项卡的下方将出现调整压缩率的滑块。根据选择压缩格式的不同,滑块的可调整范围不同。这里建议用户不要启用【对音乐进行复制保护】复选框,因为选中后,翻录的歌曲就只能在该计算机上播放了。而且即使重装了系统,如果没有备份个人证书,这些文件也无法播放。设置好所有选项后单击【确定】按钮,就可以开始翻录了。

❺ 将 CD 放入光驱后,系统会弹出【自动播放】对话框,如图 7-31 所示。

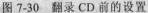
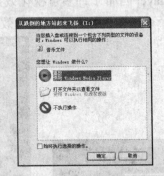

图 7-30　翻录 CD 前的设置　　图 7-31　【自动播放】对话框

❻ 打开 Windows Media Player 11,在工具栏单击【翻录】按钮,切换到【翻录】选项卡。

❼ 如果计算机已经连接到 Internet,那么 Windows Media Player 11 会自动在网络上搜索当前 CD 的详细信息并显示出来。如果这些信息是正确的,直接单击窗口右下角的【开始翻录】按钮,即可进行翻录。

❽ 如果大部分信息是正确的,但少量信息有问题,则可以直接在有问题的信息上右击,从快捷菜单中单击【编辑】命令对其进行修改。

❾ 如果所有信息都是错误的，或者 Windows Media Player 11 根本没有找到相关内容，那么可以在 CD 封面图片上右击，从快捷菜单中单击【查找唱片集信息】命令。随后会自动打开一个窗口，其中显示了 Windows Media Player 11 查找到的唱片集信息。用户可以单击【编辑】按钮对信息进行编辑，也可以单击【搜索】按钮进行重新搜索。完成后，再进行翻录即可。

7.3.7　媒体库同步

许多时候，用户需要将媒体库中的音乐复制到 MP3 等便携设备上，但由于媒体库与这些便携设备上媒体播放的不统一，导致保持两者一致比较麻烦。例如，魅族 MiniPlayer 只能播放 355kbit/s 的 WMA VBR 格式的音乐，蓝魔 MP4 只能播放 AVI 格式的 16：9 宽屏视频。Windows Media Player 11 提供了与各种便携设备的同步功能，下面以一款 MP3 为例，介绍同步是如何完成的。

例 7-3 将硬盘上的媒体文件同步到 MP3 上。

❶ 将便携设备连接到计算机，启动 Windows Media Player 11，打开【同步】选项卡，窗口的右上方显示了当前连接的设备，以及设备的存储空间情况，如图7-32 所示。

❷ Windows Media Player 11 支持两种同步方式：自动同步和手动同步。如果用户不知道想要同步哪些内容，而只希望 Windows Media Player 11 能够自动用一些媒体文件装满自己的播放器，那么就可以选择自动同步方式。如果用户是有目的的，则可以用手动方式同步某种类型的、某个

图 7-32　【同步】选项卡

歌手的，或者某张唱片中的媒体文件。要使用自动同步，可单击【同步】|【可移动磁盘(便携设备名称)】|【设置同步】命令，可打开【设备安装程序】对话框。

❸ 选中【自动同步此设备】复选框，然后将左侧要同步的播放列表添加到右侧列表框中，如图 7-33 所示。如果现有的列表不能满足需要，那么可以单击【新建自动播放列表】按钮来根据实际需要创建列表。

❸ 单击【完成】按钮，Windows Media Player 会自动开始同步过程。同步的速度取决于同步内容的多少以及是否需要对媒体文件进行再次压缩。

❹ 如果用户希望有目的地同步一些内容到播放器，则可以采用手动方式。在 Windows Media Player 11 的【同步】选项卡，将想要同步的文件拖动到窗口右侧的同步列表中，如图 7-34 所示。随着文件的添加，窗口右上角的设备图标下将会持续统计设备上的剩余空间。

❺ 单击【开始同步】按钮，Windows Media Player 11 将开始进行同步。对于比特率已经满足要求的文件，会被直接复制到播放器；而对于比特率高于设置的文件，则首先对其进行压缩，然后复制到播放器中。

除了上面所介绍的功能外，Windows Media Player 11 还支持媒体库共享和刻录功能。通过媒体库共享，可以让计算机成为一台多媒体文件服务器，供不同的终端(计算机或其他媒体播放器)来使用。刻录功能则允许用户将媒体影音文件刻录成音频 CD 光盘或文件光盘。关于这些功能的详细用法，本书由于篇幅所限不再介绍，读者可参阅其他书籍。

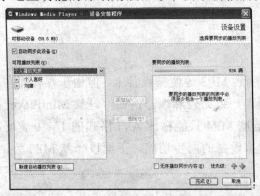

图 7-33　使用自动同步功能　　　　　图 7-34　手动设置同步

> **什么比特率?**
> 比特率是指将声音由模拟格式转化为数字格式的采样率，采样率越高，还原后的音质就越好，但编码后的文件也越大。

7.4　使用 Windows Movie Maker

Windows Movie Maker 是一个小型的电影制作程序，可以将图片、音乐、视频导入到计算机中，并在安排故事情节，添加效果后，将最终结果输出成多种格式的电影文件。Windows Movie Maker 十分适合普通的用户制作数字媒体时使用。在【开始】菜单中单击【所有程序】命令，然后在展开菜单中单击【Windows Movie Maker】命令，可启用该程序，其窗口组成如图 7-35 所示。

图 7-35　Windows Movie Maker 界面

提示: 内容区可分为导入的媒体、效果和过渡 3 种，可通过【收藏】按钮右侧的下拉列表进行切换。情节提要区和时间线区也是可以互换的，单击【显示时间线】或【显示情节提要】按钮即可。

利用 Windows Movie Maker 创建电影的过程分为输入、处理和输出这 3 个主要阶段，具体如下：

❶ 获得和组织原材料(输入)。

❷ 在【情节提要】或【时间线】区安排原材料，同时添加视频过渡和视频效果、声音、标题等(处理)。

❸ 按照【情节提要】或【时间线】区中的排列顺序，将所有内容导出为完整的电影(输出)。

7.4.1 收集和组织素材

Windows Movie Maker 可导入的媒体素材包括视频、图片和音乐。只需【电影任务】窗格的【捕获视频】任务下单击对应的链接命令，即可打开【导入文件】对话框。选中要导入的视频、图片或音乐文件，单击【导入】按钮，导入的素材被添加到【内容】区，如图 7-36 所示。

用户也可以直接从数字摄影机中将拍摄的视频导入到 Windows Movie Maker 中，但需要首先将 DV 连接到计算机的 1394 或 USB 接口，并将 DV 设置成播放状态。然后单击【电影任务】窗格的【从视频设备捕获】链接命令，Windows XP 会很快识别并自动打开导入向导。用户只需安装提示将视频导入即可。

注意：**Windows Movie Maker 可支持大部分的媒体格式，如果在导入素材的过程中遇到不支持的媒体格式，可利用第三方软件将其转换为 Windows Movie Maker 支持的格式后再导入。另外，一些视频媒体可能还需要相应的视频编码器才可以正确导入。**

对于导入的素材，用户可在【内容】区对其重命名、删除等。对于视频和音频剪辑，用户还可以对其进行拆分和合并。假如用户需要将某段视频拆分成两段，可首先在【内容】区选中它，然后在【预览】区对其进行播放。当到达合适位置时单击【预览】区的【拆分】按钮，即可将剪辑分成两段，如图 7-37 所示。

图 7-36 【导入文件】对话框

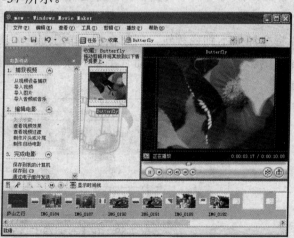

图 7-37 拆分剪辑

　　用户也可以将两个或两个以上的剪辑合并成一个剪辑，只需在【内容】区选中它们，然后右击，从快捷菜单中单击【合并】命令即可。

　　注意：拆分和合并并不影响媒体文件在计算机中的存储，它们只是 **Windows Movie Maker** 对剪辑的组织方式。即使将它们从【内容】区删除，也不会影响实际文件。

7.4.2　安排故事情节

　　和 Premiere 等其他视频编辑处理软件一样，在电影的制作过程中，情节的安排至关重要。所谓情节安排，就是将导入的剪辑按时间先后顺序拖入到【情节提要】区，如图 7-38 所示。当所有的剪辑被加入到【情节提要】区后，选定该区中的任一剪辑并单击【预览】区的【播放】按钮，即可初步预览整个电影的效果。

　　如果要将【情节提要】区的某个剪辑删除，可直接右击它，从快捷菜单中单击【删除】命令即可。如果要调节两个剪辑的先后播放顺序，直接用鼠标拖动改变其位置即可。

图 7-38　将剪辑拖入【情节提要】区

　　当用户将音乐添加到【情节提要】区时，系统将提示【情节提要】区被自动转换为【时间线】区，因为【情节提要】区只适合编辑和查看视频及图片剪辑。在【时间线】区可看到不同类型的剪辑按视频、音乐和片头重叠分类排放，如图 7-39 所示。片头重叠轨上的内容将叠加显示到视频轨，例如在视频轨上放一张图片，在片头轨上放一个片头文字，制作好的电影就会出现图片上面有字幕的效果。要调整剪辑的播放长度，可直接拖动剪辑的边框。

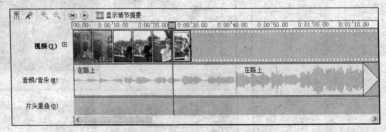

图 7-39　在【时间线】区查看和调节剪辑

7.4.3 设置效果或过渡

将各剪辑的播放顺序和时间安排好后，已经可以算是一个简单的小电影了，但这缺乏专业效果，而仅仅是素材的连接。Windows Movie Maker 还提供了丰富的效果和过渡，以增强电影的表现力。

效果可应用于单个的视频或图片剪辑，例如添加一个放大效果给图片，则图片在播放时就会由远而近逐步变大。过渡则用于两个相邻的剪辑之间，又称为"转场"。例如将一个"多星，五角"效果过渡添加到两个剪辑之间，则在播放完第一个剪辑后将通过多星、五角的方式过渡到第二个剪辑。要添加效果或过渡，可在【收藏】按钮右侧的下拉列表中选择【效果】或【过渡】选项，然后在【内容】区拖动要使用的具体效果或过渡到【情节提要】区的相应剪辑处即可，如图 7-40 所示。

已添加了效果的剪辑上将显示一个五角星标记，将鼠标移到上面可查看具体的效果。如果要删除该效果，直接右击剪辑，从快捷菜单中单击【删除效果】命令即可。过渡则显示在剪辑之间，删除方法与此相似。

对于电影中的音效，通常在【时间线】区进行。因为电影中的音效通常是视频剪辑内含的音频和用户添加的音频融合的结果，在【时间线】区，用户可以清晰地查看视频内涵的音频轨。展开视频轨，可查看视频剪辑中包含的音频，如图 7-41 所示。在音频剪辑上右击，可选择【静音】、【淡入】、【淡出】等效果，如果单击【音量】命令，可在打开的对话框中调节音频的音量。

图 7-40　在电影中添加效果和过渡

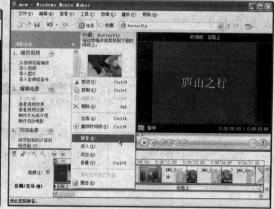

图 7-41　处理电影中的音效

7.4.4 添加片头与片尾

一个完整的电影通常都具有片头和片尾，它们都是由文字和背景构成，并配合相应的字体、大小、透明度和动画效果。要添加片头和片尾，可单击【电影任务】窗格下【编辑电影】任务下的【制作片头或片尾】链接，系统提示要将片头添加到何处，如图 7-42 所示。

首先选择片头或片尾的位置(如果选择【在所选剪辑之前】或【覆盖在所选剪辑之上】，则请先在时间线上选定相应的剪辑)，输入片头或片尾文字内容，在【其他选项】下可更改效果。完成后单击【完成，为电影添加片头】链接命令即可，如图 7-43 所示。

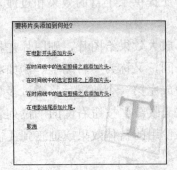

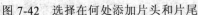

图 7-42　选择在何处添加片头和片尾　　　　图 7-43　编辑片头或片尾文字

7.4.5　导出电影

电影的导出有多种形式，用户应根据自己的需要进行选择。在【电影任务】窗格的【完成电影】任务下选择适合自己的电影发布方式，如图 7-44 所示。选择【保存到我的计算机】选项，电影将被保存到计算机上；选择【保存到 CD】选项，电影将被复制到可写入的 CD上；选择【通过电子右键发送】选项，则将电影以电子邮件附件的形式进行发送；选择【发送到 Web】选项，则将电影发送到 Web 上的视频宿主提供商以供他人观看；选择【发送到 DV 摄像机】选项，则将电影录制到 DV 摄像机上。

选择好导出方式后，单击对应链接命令，即可打开保存电影向导，如图 7-45 所示。按照向导提示选择文件保存路径和名称，并设置好电影质量，最后将电影导出即可。

图 7-44　选择电影发布方式　　　图 7-45　保存电影向导

7.5　禁止光盘自动播放

Windows XP 支持光盘自动播放功能，这项功能给用户带来很大的方便。但在有些时候用户不需要光盘自动播放，这就需要将该功能关闭。

在桌面上双击【我的电脑】图标，打开【我的电脑】窗口。右击光盘驱动器图标，在打开的快捷菜单中选择【属性】命令，打开光盘驱动器的属性对话框。切换到【自动播放】选项卡，如图 7-46 所示。选中【选择一个操作来执行】单选按钮，然后在列表框中选择【不执行操作】选项，最后单击【确定】按钮即可禁用自动播放功能。

图 7-46　禁止光盘自动播放

本 章 小 结

本章首先向用户说明了多媒体属性的设置方法，然后详细介绍了 Windows XP 内置的录音机、多媒体播放器 Windows Media Player、视频制作工具 Windows Movie Maker 的具体使用方法。通过对本章的学习，用户不仅可以学会在 Windows XP 中播放多媒体文件，还可以自己制作视频小短片。

习 题

填空题

1. 系统音量包括_____的音量和_____的音量。

2. _____是 Windows XP 提供的一种语音录制设备，可以帮助用户在计算机上从各种设备(例如插入到声卡中的麦克风)中将声音录制为数字媒体文件。

3. Windows Media Player 将媒体文件作为_____来管理，远比 Windows 资源管理器中将媒体文件作为"文件"管理要方便。

4. 媒体文件中的艺术家、唱片集、歌曲、流派、年份等这些文件本身带有的数据被称为_____，它可理解为描述数据的数据。

5. Windows Movie Maker 可导入的媒体素材包括_____、_____和_____。

6. _____可应用于单个的视频或图片剪辑，例如添加一个放大效果给图片，则图片在播放时就会由远而近逐步变大。_____则用于两个相邻的剪辑之间，又称为"转场"。

简答题

7. Windows Media Player 11 相对以前版本都有哪些明显变化？

8. 简述使用 Windows Movie Maker 制作电影的过程。

上机操作题

9. 使用 Windows 录音机录制一段音频并将其保存。

10. 使用 Windows Media Player 11 播放音频、视频文件。

11. 使用 DV 拍摄一段视频，然后将其导入到 Windows Movie Maker 中进行编辑和处理，然后将制作好的作品刻录到 DVD 光盘中。

第 8 章

安装和管理应用程序

本章主要介绍在 Windows XP 中安装、运行、切换和管理应用程序的方法。通过本章的学习，应该完成以下<u>学习目标</u>：

☑ 能够根据需要选择合适的应用程序
☑ 掌握安装和卸载应用程序的方法
☑ 掌握运行、切换和退出应用程序的方法
☑ 了解应用程序的兼容模式
☑ 学会安装和卸载 Windows 组件

8.1 安装和卸载应用程序

应用程序又称为"应用软件"，操作系统离不开应用软件的支持，正是因为有了各种应用软件，计算机才能够在各方面发挥作用。虽然 Windows XP 内置了一些工具，但这些远远满足不了实际应用的需求。用户在安装完操作系统后，往往需要安装其他常用的应用软件，如办公软件 Office、图像处理软件 Photoshop，杀毒软件瑞星等。

8.1.1 选择要安装的应用程序

目前市场上的软件种类繁多，软件的功能及安装使用方法也不尽相同。在安装软件之前，首先要考虑自己需要什么样的软件及如何选择合适自己的软件。对于初学者而言，最好选择一些比较实用的软件，表 8-1 列出了许多实用的软件供初学者参考。

表 8-1 实 用 软 件

软 件 类 型	软 件 用 途	常 用 软 件
办公软件	计算机中不可少的软件之一，用于文字处理、表格制作及创建演示文稿等	Microsoft Office 2007
输入法软件	用于输入文字	搜狗拼音输入法
杀毒软件	用于预防、检测和删除计算机病毒	瑞星、诺顿
压缩软件	用于压缩及解压缩文件	WinRAR
下载软件	用于下载资料、软件及音乐等	迅雷、BT 等
媒体播放软件	用于听歌、看电影	千千静听、暴风影音
邮件收发软件	用于收发管理电子邮件	Outlook Express、Foxmail 等

在具体选择软件及其版本时，用户还应考虑如下因素：

- 计算机的配置情况。如果计算机的硬件配置较高，内存容量足够大，CPU 速度也很快，硬盘有大量空间，那么就可以选择安装较多的软件。反之，则应慎重选择需要使用的软件。盲目地安装软件，将会影响计算机的运行速度，严重时还会导致计算机死机。
- 需求情况。需求是购买软件的直接动机。确实需要再购买相关的商业软件。否则，可以先从网上下载免费的体验版进行试用。
- 自身水平。初学者可以选择多种类型的软件，这样不仅可以了解各种软件的功能，而且可以确定哪方面的软件更适合自己，甚至可以通过这些软件的使用来熟悉计算机的各种功能及操作。

8.1.2 应用程序的安装过程

选择好要安装的软件后，在安装之前，用户必须拥有该软件的安装程序和安装序列号。安装程序一般有两种，一种是自身带有可执行文件(名称一般为 setup.exe)的，用户直接双击执行该文件，即可打开安装向导；另一种是镜像文件，这需要用户使用虚拟光驱才能打开它。

> 📖 什么是镜像文件？
>
> ✎ 镜像文件是由多个文件通过刻录软件或其他镜像文件制作工具制作而成的，用户从 Internet 上获取的软件的安装文件大多都是镜像文件，常见的格式有 ISO、BIN、IMG 等。打开镜像文件需要虚拟光驱，如 Deamon Tools。

安装序列号，亦称注册码，目的是为了防止盗版软件而设计的。获取安装软件序列号通常有以下两种方法：

- 大多数软件的安装序列号被印刷在光盘包装盒上，直接从包装盒上获取安装序列号。
- 某些共享软件可以通过网络注册的方法获得安装序列号。

获取了安装程序和安装序列号后，用户还需要确定软件的安装位置。软件默认的安装位置在系统盘(操作系统安装所在的磁盘，一般是 C 盘)的 Program Files 文件下，但为了便于今后的管理，也可以在其他空间较大的磁盘中创建一个文件夹，并在安装时把软件指定在该文件夹中。

下面以安装 Daemon Tools 为例，介绍通过可执行文件安装软件的方法。

例 8-1 安装虚拟光驱软件 Daemon Tools。

❶ 双击软件的可执行文件，启动安装向导，向导会首先要求用户选择要安装的语言，如图 8-1 所示。

❷ 在下拉列表中选择【Chinese Simplified】，单击【确定】按钮，进入欢迎界面。单击【下一步】按钮，阅读许可协议，如图 8-2 所示。

❸ 单击【我同意】按钮，由于安装向导要修改一些系统设置，会提示重新启动计算机，如图 8-3 所示。退出其他所有的应用程序，注意保存数据，然后单击【确定】按钮。

❹ 重新登录 Windows XP 后，继续安装向导，单击【下一步】按钮，选择要安装的 Daemon Tools 功能，建议取消【Daemon Tools 工具栏】选项，如图 8-4 所示。

图 8-1　选择安装语言　　　　　　　图 8-2　阅读许可协议

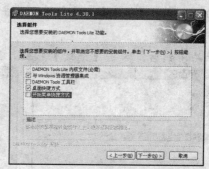

图 8-3　提示重启计算机　　　　　　图 8-4　选择要安装的功能

❺ 单击【下一步】按钮，选择是否将 Daemon Tools 搜索设置为主页。

❻ 单击【下一步】按钮，设置 Daemon Tools 的安装路径，如图 8-5 所示。

❼ 单击【下一步】按钮，向导即开始安装 Daemon Tools，安装结束后，单击【完成】按钮即可，如图 8-6 所示。如果选中了【运行 Daemon Tools Lite(R)】复选框，单击【完成】按钮后将运行 Daemon Tools。

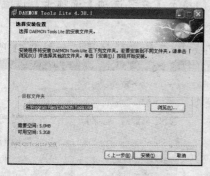

图 8-5　选择安装路径　　　　　　　图 8-6　完成安装

安装完了虚拟光驱，下面以 Office 2007 为例，介绍通过镜像文件安装应用程序的方法。

例 8-2　通过镜像文件安装 Office 2007。

❶ 首先确保已经启动了虚拟光驱 Daemon Tools，如果没有请双击桌面上的 Daemon Tools 图标，运行中的 Daemon Tools 会在任务栏的通知区域显示其图标。

❷ 在任务栏的通知区域右击 DaemonTools 图标，从弹出菜单中选择【虚拟 CD/DVD Rom】|【设备 0】|【装载映像】命令，打开【选择映像文件】对话框，如图 8-7 所示。

图 8-7　装载镜像文件

❸ 选择 Office 2007 的安装镜像文件，单击【打开】按钮，即可启动安装向导，如图 8-8 所示。

❹ 输入产品密钥后，单击【继续】按钮，选择安装类型，如图 8-9 所示。

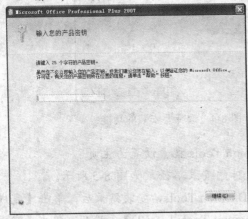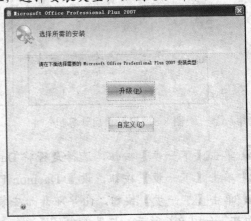

图 8-8　输入产品密匙　　　　　　　图 8-9　选择安装类型

❺ 单击【自定义】按钮，将打开的对话框切换至【安装选项】选项卡，设置需要安装的 Office 组件程序，如图 8-10 所示。

❻ 切换至【文件位置】选项卡，设置 Office 2007 的安装位置，如图 8-11 所示。

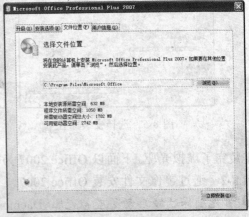

图 8-10　选择要安装的组件　　　　　图 8-11　设置安装路径

❼ 切换至【用户信息】选项卡，输入用户名及其他相关信息，如图 8-12 所示。

❽ 单击【立即安装】按钮，此时向导开始自动安装文件，并显示安装进度，如图 8-13 所示。

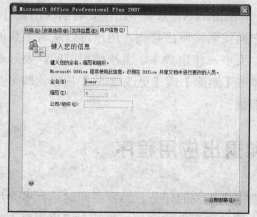

图 8-12　输入用户名等相关信息

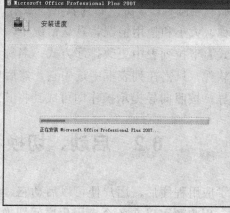

图 8-13　显示安装进度

❾ 安装完毕后，向导会显示成功安装 Office 2007 的信息，单击【关闭】按钮，整个安装过程即可结束。

❿ 在任务栏的通知区域右击 Daemon Tools 图标，从弹出菜单中选择【虚拟 CD/DVD Rom】|【设备 0】|【卸载镜像】命令，以弹出镜像文件。

8.1.3　卸载应用程序

在硬盘空间有限的情况下，当软件完成其使命，并且在相当长的时间内不需要使用它时，可以考虑卸载该软件。一般情况下，软件在安装的时候会同时安装其自带的卸载程序，在【开始】菜单中该程序的目录下选择其卸载程序即可卸载该软件，如图 8-14 所示。

通过 Windows XP 控制面板中的"添加或删除程序"功能可以查看系统中安装的应用软件，并卸载掉不需要的软件。打开【开始】菜单，在其中单击【控制面板】命令，打开【控制面板】窗口。单击窗口中的【添加/删除程序】图标，即可打开【添加或删除程序】窗口，如图 8-15 所示。

图 8-14　通过【开始】菜单卸载软件

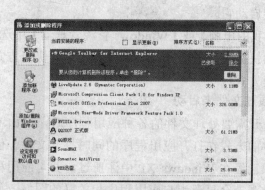

图 8-15　【添加或删除程序】窗口

115

注意：有些软件并没有自带卸载程序，因此千万不要直接删除，因为删除是删除安装的文件。但是注册表信息还在。如果经常这样删除文件会产生注册表冗余，对系统的运行速度产生影响。正确的方法是在【添加或删除程序】窗口中对其卸载。

【添加或删除程序】窗口的列表框中显示了 Windows XP 系统中已经安装的应用软件，包括其名称、大小和使用情况。默认情况下，它们按名称顺序排列，用户可以从右上角的【排序方式】下拉列表中更改排序方式：名称、大小、使用频率、上次使用时间。要卸载某个应用软件，只需在列表框中选中它，然后单击【删除】或【更改/删除】按钮，即可打开卸载向导，按照向导提示操作即可成功将其卸载。

8.2 启动、切换和退出应用程序

安装了应用程序后，用户便可以启动它，来完成相关的任务。当需要同时运行多个应用程序时，用户还可以在各个应用程序间切换，使其成为当前窗口。当某个应用程序不需要使用时，则应退出该应用程序，以释放其占用的系统资源，保障计算机性能。

8.2.1 启动应用程序

在 Windows XP 中，启动应用程序的方法很多：可以从【开始】菜单中直接启动；也可以为应用程序在桌面上创建一个快捷方式方便而快速地启动；或者通过双击应用程序文件的方式来启动。

1. 从【开始】菜单启动

从【开始】菜单中【所有程序】命令的展开菜单中启动应用程序是最常用的启动方式。绝大多数应用程序在安装之后都在【开始】菜单的【所有程序】子菜单中建立对应项目，以方便用户使用。

要从【开始】菜单中启动应用程序，可打开【开始】菜单，单击【所有程序】命令，展开的子菜单中包括了所有在 Windows XP 中成功安装的程序，只需指向要运行的程序后单击，即可启动该程序，如图 8-16 所示。

2. 创建应用程序的快捷方式

对于一些比较常用的应用程序，即使使用【开始】菜单来启动，仍然会觉得麻烦。为了能够更快捷地运行程序，可以为它们创建一个快捷方式并放在桌面上，以后就可以在桌面上直接启动它。

在【我的电脑】或【Windows 资源管理器】中选定常用程序的可执行文件，右击鼠标，从弹出的快捷菜单中选择【发送到】|【桌面快捷方式】命令，即可在桌面上创建该应用程序的快捷方式。

3. 通过文件来启动

在打开需要处理文件的各种应用程序时，例如 Word、Photoshop 等，可通过双击应用程序文件的方式在打开应用程序的同时打开文件。但需要注意的是，这种应用程序文档的类型必须已经在 Windows XP 中注册过，并与应用程序已经建立了关联，此时这种类型的文件在外观上会显示为与应用程序相关联的图标。如果双击某个尚未被注册过的文件，则

Windows 就会打开图 8-17 所示的对话框。

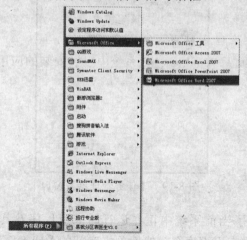

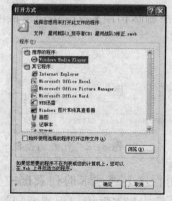

图 8-16 通过【开始】菜单启动应用程序　　图 8-17 【打开方式】对话框

　　在【打开方式】对话框中，可以选择打开选定文件所使用的应用程序，如果启用了【始终使用选择的程序打开这种文件】复选框，则与所选文件同种类型的文件就会与该应用程序关联，以后双击这种类型的文件时都会用该应用程序来打开。

　　除了以上介绍的 3 种方式外，用户还可以在【我的电脑】或 Windows 资源管理器中双击应用程序的可执行文件来启动应用程序，或者通过在【运行】对话框中输入应用程序可执行文件的路径来启动应用程序。这两种方式比较麻烦，不建议一般用户使用。

8.2.2　在应用程序间切换

　　作为从 Windows NT 基础上发展而来的多任务操作系统，Windows XP 的多任务处理机制更为强大和完善，并且系统的稳定性大大提高。用户可以一边用 Word 处理文件，一边用 CD 唱机听 CD 乐曲，还可以同时上网收发电子邮件，只要有足够快的 CPU 和足够大的内存就可以。当用户处于多任务工作时，就避免不了在不同的应用程序间切换。

1. 使用任务栏

　　用户每启动一个应用程序，该应用程序都会在任务栏中显示对应的一个窗口图标，用户可通过单击任务栏上的窗口图标在不同应用程序间切换。

2. 使用 Alt+Tab 快捷键

　　同时按下 Alt 和 Tab 键，然后松开 Tab 键后，屏幕上会出现图 8-18 所示的任务切换栏。在此栏中，系统当前正在运行的程序都用相应图标排列了出来，文本框中的文字显示的是当前启用程序的简短说明。在此任务切换栏中，按住 Alt 键不放的同时，按一下 Tab 键再松开，则当前已选定的程序的下一个程序被启用，再松开 Alt 键就切换到被选定的应用程序中了。

3. 使用任务管理器

　　在 Windows 任务栏的空白区域右击，在出现的快捷菜单中选择【任务管理器】命令，打开图 8-19 所示的【Windows 任务管理器】对话框，默认打开的是【应用程序】选项卡。

图 8-18　任务切换栏

图 8-19　【任务管理器】窗口

【应用程序】选项卡的列表框中列出了当前系统中正在运行的应用程序及其运行状态，用户只需在列表框中启用想要切换到的应用程序名，然后单击底部的【切换至】按钮，即可切换到已启用的应用程序中。更多情况下，用户使用任务管理器来停用没有响应的应用程序。只需在列表框中选中状态为"无响应"的应用程序，然后单击【结束任务】按钮即可。

8.2.3　退出应用程序

在完成应用程序的工作之后，应退出应用程序以释放应用程序占用的系统资源，提高整个系统的效率。可采用以下几种方式来退出应用程序：

- 在应用程序菜单栏中选择【文件】|【退出】命令；
- 单击程序窗口左上角的控制菜单图标，在弹出的菜单中选择【关闭】命令；
- 单击程序窗口右上角的【关闭】按钮；
- 按 Alt+F4 组合键，可快速关闭当前应用程序；
- 使用 Windows 任务管理器结束任务。

在退出应用程序前，如果用户有数据没有保存，应用程序会提醒用户在退出之前是否要保存文件。

8.3　关于应用程序的兼容模式

如果在 Windows XP 下用户的某个程序总有问题，而该程序在 Windows 的早期版本中工作正常，使用程序兼容性向导可以帮助选择和测试兼容性设置，从而解决这些问题。

打开【开始】菜单，单击【所有程序】命令，在展开的菜单中选择【附件】|【程序兼容性向导】命令，启动程序兼容性向导，如图 8-20 所示。

单击【下一步】按钮，选择如何查找要运行兼容性设置的程序，如图 8-21 所示。单击【下一步】按钮，在列表框中选择在 Windows XP 下无法正常运行的应用程序，如图 8-22 所示。单击【下一步】按钮，选择能够正常运行该应用程序的 Windows 早期版本，如图 8-23 所示。

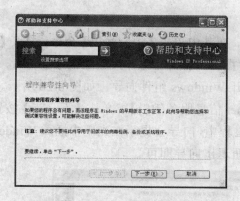

图 8-20　启动应用程序兼容性向导

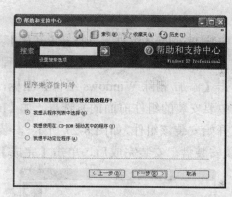

图 8-21　选择如何查找运行兼容性设置的应用程序

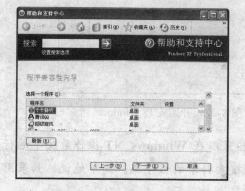

图 8-22　选择应用程序

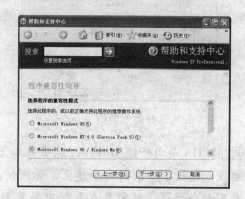

图 8-23　选择该应用程序要运行的模式

单击【下一步】按钮，选择应用程序的设置，如图 8-24 所示。单击【下一步】按钮，运行设置的应用程序，看看是否运行正常，然后返回程序兼容性向导，如果仍然无法正常运行，可尝试使用其他兼容性模式。如果能够正常，请继续并完成向导，如图 8-25 所示。

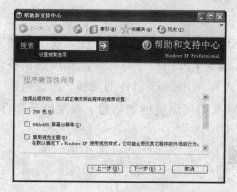

图 8-24　选择推荐的设置

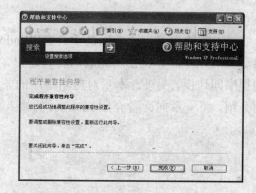

图 8-25　完成程序兼容性设置

8.4　安装和卸载 Windows 组件

Windows 组件是 Windows 系统内置或捆绑与系统一起安装的应用程序，例如附件中的各种小工具、Windows Media Player、Internet Explorer 浏览器等，它们用于完成一些基本的功能。

要安装 Windows 组件，可打开【开始】菜单，在其中单击【控制面板】命令，打开【控制面板】窗口。单击窗口中的【添加/删除程序】图标，打开【添加或删除程序】窗口，在左侧单击【添加/删除 Windows 组件】图标，打开 Windows 组件向导，如图 8-26 所示。

选中要安装的组件前面的复选框，如【Internet 信息服务(IIS)】，单击【下一步】按钮，向导即开始安装该组件，如图 8-27 所示。安装的过程中，向导会提示在光驱中插入 Windows XP 系统安装盘。安装完成后，单击【完成】按钮退出向导即可。

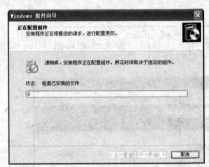

图 8-26　选择要安装的 Windows 组件　　　　图 8-27　开始安装 Windows 组件

提示：IIS 是由一组 Internet 服务器加上一些可以在 Windows NT 操作系统下运行的服务组成，包括了一系列用于建立、管理网站、搜索引擎的程序集。简单地说，如果用户想要发布动态网页，就需要在系统中安装 IIS。

如果要删除某个 Windows 组件，可先将 Windows XP 安装光盘插入光驱，然后在图 8-26 所示列表中找到目标组件，取消选中该组件前的复选框，单击【确定】按钮即可。

本 章 小 结

通过本章的学习，读者应能学会在 Windows XP 下安装和卸载应用程序，使用多种方法启动应用程序，并在使用完成后将其退出。在运行多个应用程序时，应能熟练地在各个应用程序间切换。另外，本章对应用程序的兼容模式和 Windows 组件的安装、卸载也作了简要介绍。下一章向读者介绍 Internet 的接入方法以及如何浏览网上信息、收发电子邮件。

习 题

填空题

1. 安装程序一般有两种，一种是_____，另一种是_____。

2. _____亦称注册码，目的是为了防止盗版软件而设计的。

3. 为了能够更快捷地运行程序，可以给常用的程序创建一个_____并放在桌面上，以后就可以在桌面上直接启动。

4. 通过使用_____快捷键，可快速关闭当前应用程序。

5. 使用_____组合键可在正运行的应用程序之间进行快速切换。

6. 如果在 Windows XP 操作系统下，用户的某个程序总有问题，而该程序在 Windows 的早期版本工作正常，使用_____可以帮助选择和测试兼容性设置，从而解决这些问题。

7. _____是 Windows 系统内置或捆绑与系统一起安装的应用程序。

问答题

8. 如何选择应用程序？

9. 如果在程序运行过程中由于某种原因导致程序失去响应，该如何退出？

上机练习

10. 安装并运行 Photoshop CS3 软件。

11. 应用程序兼容模式，检查应用程序。

12. 安装 Windows XP 捆绑的 MSN 组件。

第 9 章

Internet 接入与网上冲浪

本章主要介绍 Internet 的基础知识，Internet 的各种接入方式，如何使用 Internet Explorer 8 浏览网页，使用 Gmail 收发电子邮件等。通过本章的学习，应该完成以下**学习目标**：

- ☑ 了解 Internet 的起源和在我国的发展状况
- ☑ 了解 Internet 所提供的服务类型
- ☑ 理解并掌握 Internet 的工作原理(IP 协议、TCP 协议和 UDP 协议)
- ☑ 了解下一代 Internet 协议——IPv6
- ☑ 学会使用 ADSL 接入 Internet
- ☑ 了解无线上网、专线上网等其他 Internet 接入方式
- ☑ 学会使用 Internet Explorer 8 浏览网页
- ☑ 学会使用主页和历史记录
- ☑ 学会使用和整理收藏夹
- ☑ 学会订阅、管理和查看 RSS
- ☑ 了解电子邮件的工作原理和主要通信协议
- ☑ 学会在网上申请和使用 Gmail 电子邮箱

9.1 Internet 基础知识

Internet 是全球最大的计算机互联网络，又称为网际网或互联网。它连接了来自不同国家和地区的不计其数的计算机、网络或网络群体，实现了信息的有效、快速传播和共享。Internet 的发展不断改变着人们的工作、生活方式和思想观念，已经成为现代社会的重要组成部分。

9.1.1 Internet 的产生与发展

Internet 诞生于 20 世纪 60 年代，它的前身是 ARPAnet。ARPAnet 是美国国防部高级研究计划管理局(ARPA)为了军事目的建立的，它最初由 4 个网络节点——分布在美国 4 个地区进行互联试验，到 1977 年发展到 57 个，连接了各类计算机 100 多台。其间，ARPA 开发了针对于 ARPAnet 的网络协议集，其中最重要的两个协议是 TCP 和 IP，它们使得各种类型的计算机网络之间能够互相通信。因此，加入到 ARPAnet 中的计算机网络也越来越多，ARPAnet 的规模日益壮大。

1980 年，ARPA 投资把 TCP/IP 加入到 UNIX 内核中，此后 TCP/IP 即成为 UNIX 系

统的标准通信模块。到了 1983 年，ARPA 把 TCP/IP 正式作为 ARPAnet 的标准协议。

在 ARPAnet 发展的过程中，美国其他一些机构开始建立自己的面向全国的计算机广域网，这些网络大多采用与 ARPAnet 相同的通信协议。其中美国国家科学基金会(NSF)的 NSFnet 发挥了很大影响，它为 Internet 的产生起到了积极的促进作用。最初，NSFnet 已形成多个区域性网络，并在此基础上互联形成全国性的广域网。到了 1988 年，NSFnet 的主干网速度升级到 1.5Mbps。

此外，美国宇航局(NASA)与能源部的 NSINET、ESNET 网相继建成。欧洲、日本等也积极发展本地网络。于是，在这些网络互联的基础上便形成了 Internet。1990 年，ARPAnet 解体，NSFnet 成为 Internet 远程通信设施的主要提供者，主干网络的传输速率达到了 45Mbps。

由 Internet 的发展历程可以得出：Internet 是世界上许多不同网络通过互联而形成的一个全球性广域网，其中的一些主要网络包括 Bitnet、Usenet、Milnet、Esnet、American Online、Compuserve、MCI、Mail、Delphi 等。

9.1.2　Internet 在我国的发展

我国是第 71 个加入 Internet 的国家，Internet 在我国的发展可分为两个阶段：第一阶段是 1987 年至 1993 年，我国的一些科研部门通过与 Internet 联网，与国外的科技团体进行学术交流和科技合作，主要用于收发电子邮件；第二阶段是 1994 年至今，以中科院、北大、清华为核心的中国国家计算机网络设施(NCFC)通过 TCP/IP 协议和 Internet 全面连通，从而获得了 Internet 的全功能服务。

目前，我国有 4 大网络：中国科学技术网(CASNET)、中国教育和科研计算机网(CERNET)、中国公用计算机网(ChinaNET)和国家公用经济信息通信网络(ChinaGBN)。

- CASNET 由中国科学院主管，其前身是中关村地区教育与科研示范网，1996 年 5 月 31 日正式命名为中国科学技术网，即 China Science and Technology Network，简写为 CASNET。网络由两级组成，以北京地区为中心，共设置了 27 个主站点，分别设在北京和全国部分大、中城市，该网络中心还承担着国家域名服务的功能。

- CERNET 是由国家计委投资，由国家教委主持的国家教育科研网络，网络控制中心设在清华大学网络中心，1994 年 12 月开始启动。其目的是建设一个全国性的教育科研基地，把全国大部分的高等院校和中学连接起来，推动校园建设和促进信息资源的交流共享，其网络服务的对象主要是全国高校的师生、科研人员等，目前已有几百家高校入网。

- ChinaNET 是由中国邮电部投资建设的中国公用 Internet 网络。1994 年 8 月，邮电部和美国的 Sprint 公司签约，建立了北京和上海两条专线，通过中国公用数据网 ChinaPAC 和 ChinaDDN 向全社会提供中国公用 Internet 服务，继而又继续发展，建成了连接全国 30 个省市的 ChinaNET。其目的是适应商业化需要，为广大的中国用户提供各种 Internet 服务。

- ChinaGBN 又称金桥网，是由电子工业部所属的吉通公司主持建设实施的计算机公用网，为国家宏观经济调控和决策服务。它是覆盖全国，实行国际联网，为用户提供专用信道、网络服务和信息服务的基干网，与其他 3 个网络也实行了互连。

用户通过这些网络都可以连接到 Internet，从而与世界各地的人们进行交流、共享信息资源等。随着中国信息产业现代化进程的加快，Internet 在中国的应用逐步普及，通过宽带 ADSL 或其他方式上网的普通用户也越来越多，并呈现大幅度上升的趋势。

9.1.3 Internet 提供的服务类型

Internet 借助于现代通信手段和计算机技术实现全球信息传递。在 Internet 上，有各种虚拟的图书馆、商店、文化站、学校等，用户可以通过 Internet 方便地获得或传送各种形式的信息。就当前而言，Internet 主要用于提供以下几种服务：

1. WWW 服务

人们一直都梦想有一个世界性的信息库，在这个数据库中，数据不仅能被全球的人们存取，而且能够轻松地链接到其他地方的信息，以便用户可以方便快捷地获取重要的信息。

WWW(World Wide Web)的中文名称是万维网，或简称为 Web。它是一个以 Internet 为基础的计算机网络，允许用户在一台计算机上通过 WWW 来访问和存取另一台计算机上的信息。从技术角度上来讲，WWW 是 Internet 上支持 WWW 协议和 HTTP(Hyper Text Transport Protocol)超文本传输协议的客户机与服务器的集合。用户通过它可以访问和存取世界各地的超媒体文件，内容包括文字、图形、声音、动画、资料库，以及各种软件。

WWW 诞生于 Internet 之中，后来成为 Internet 的一部分。而今天，WWW 几乎成了 Internet 的代名词。全世界目前有数以万计的 Web 站点，每个 Web 站点都可以通过超链接与其他 Web 站点连接。任何人都可以设计自己的 Home Page(主页)，放到 Web 站点上，然后在自己的 Home Page 上设置链接，以链接到他人的 Home Page。WWW 可以当之无愧被称为"环球信息网"。

2. E-Mail 服务

E-Mail(电子邮件)服务是 Internet 上使用最广泛的一种服务，也是 Internet 最基本的功能之一。它是一种通过计算机网络与其他用户进行联系的现代化通信手段，方便、快捷且价格低廉。用户通过在一些特定的通信端点上运行相应的软件系统(如 Outlook Express)，从而使其充当"邮局"的角色。可以在这台计算机上租用一个虚拟的电子信箱，当需要和网络上的其他人通信时，就可以通过电子信箱收发邮件。

使用电子邮件的用户都可以通过各自的计算机编辑文件或信件，通过网络发送到对方的电子信箱中，而收件人则可以方便地进入 E-Mail 系统读取自己信箱中的文件或信件。发信人可以一信多投，只需同时输入几个电子邮件地址即可。收信人在阅读完信件后，可以直接将信件转发给他人。通过电子邮件，既可以传递文字、图片，也可以传递声音、图像等。

3. Telnet 服务

Telnet 服务用于远程登录，共享远程的资源。利用远程登录，可以将自己的计算机暂时变成远程计算机的终端，从而直接调用远程计算机的资源和服务。在远程计算机上登录的前提是必须成为该系统的合法用户并拥有相应的 Internet 账户和口令。此外，用户还可以从自己的计算机上发出命令来运行其他计算机上的软件。Internet 的许多服务都是通过远程登录访问来实现的。

4. FTP 服务

FTP 服务用于文件传输，它允许用户将一台计算机上的文件传输到联网的另一台计算机上，这是 Internet 传递文件的主要方法。通过 FTP 服务，用户不但可以获取 Internet 上丰富的资源，也可以将自己计算机中的文件复制到其他计算机中。所传输的内容可以是文字信息，也可以是非文字信息(包括计算机程序、图像、照片、音乐录像等)。此外，FTP 服务还提供登录、目录查询、文件操作及其他会话控制功能。

5. 新闻组

新闻组又称为网络新闻组(Usenet 或 NewsGroup)，是一种利用网络进行专题研讨的国际论坛。它包括数以千计的讨论组，每个讨论组都围绕某个专题展开讨论，例如哲学、数学、计算机、文学、艺术、游戏等，任何网络用户都可以参与讨论。目前，新闻组在国内的应用主要局限在一些高校校园内。

除了以上介绍的 5 大服务外，Internet 还提供了信息检索(通过谷歌、百度等搜索引擎)、娱乐与会话、网上学习、网上购物等各种服务。

9.1.4 Internet 的工作原理

要准备理解并掌握 Internet 的工作原理，就必须先理解并掌握 Internet 自己的语言——TCP/IP 协议。

1. IP 协议

在现实生活中，我们进行货物运输时都是把货物分装到一个个的纸箱或者是集装箱之后才进行运输，在网络世界中各种信息也是通过类似的方式进行传输的。IP 协议规定了数据传输时的基本单元和格式。如果比作货物运输，IP 协议规定了货物打包时的包装箱尺寸和包装的程序。除了这些以外，IP 协议还定义了数据包的递交办法和路由选择。同样用货物运输作比喻，IP 协议规定了货物的运输方法和运输路线。

(1) IP地址

在网络中，我们经常会遇到 IP 地址这个概念，这也是网络中的一个重要的概念。所谓 IP 地址就是给每个连接在 Internet 上的主机分配一个在全世界范围内唯一的 32 位地址。IP 地址的结构使我们可以在 Internet 上很方便地寻址。IP 地址通常用以圆点分隔的 4 个十进制数字表示，每一个数字对应于 8 位二进制的比特串，如某一台主机的 IP 地址为：128.20.4.1。

Internet IP 地址由 Inter NIC(Internet 网络信息中心)统一负责全球地址的规划、管理；同时由 Inter NIC、APNIC、RIPE 三大网络信息中心具体负责美国及其他地区的 IP 地址分配。通常每个国家需成立一个组织，统一向有关国际组织申请 IP 地址，然后再分配给客户。

(2) 子网地址与子网掩码

为了提高 IP 地址的使用效率，可再对一个网络划分出子网：采用借位的方式，从主机位最高位开始借位变为新的子网位，所剩余的部分则仍为主机位。这使得 IP 地址的结构分为 3 部分：网络位、子网位和主机位。

引入子网概念后，网络位加上子网位才能全局唯一地标识一个网络。把所有的网络位用 1 来标识，主机位用 0 来标识，就得到了子网掩码。子网掩码使得 IP 地址具有一定的内部层次结构，这种层次结构便于 IP 地址分配和管理。

> 🖰 什么是域名？它与主机的 IP 地址有何联系？
>
> 🖊 IP 地址是 Internet 中主机的唯一标识，但 IP 地址记忆起来比较困难，不方便人们对 Internet 中某台主机进行访问，为此产生了域名。域名与主机的 IP 地址一一对应，通过 DNS 服务器解析，自动生成主机的 IP 地址，例如 sina.com.cn。
>
> 域名由若干部分组成，各部分之间用圆点"."作为分隔符。它的层次从左到右，逐级升高，其一般格式是：计算机名.组织机构名.二级域名.顶级域名。其中，"计算机名"是连接在因特网上的计算机的名称。"顶级域名"，也称为第一级域名，顶级域名在 Internet 中是标准化的，并分为 3 种类型：国家顶级域名、国际顶级域名和通用顶级域名。在国家顶级域名注册的二级域名均由该国自行确定，我国将二级域名划分为类别域名和行政区域名。域名的第 3 部分一般表示主机所属域或单位。

(3) IP 数据包

数据包的结构非常复杂，在这里我们主要了解一下它的关键构成就可以了，这对于理解 TCP/IP 协议的通信原理是非常重要的。数据包主要由目标 IP 地址、源 IP 地址、净载数据等部分构成，如图 9-1 所示。

图 9-1　IP 数据包的组成

数据包的结构与我们平常写信非常类似，目标 IP 地址是说明这个数据包是要发给谁的，相当于收信人地址；源 IP 地址是说明这个数据包是发自哪里的，相当于发信人地址；而净载数据相当于信件的内容。

正是因为数据包具有这样的结构，安装了 TCP/IP 协议的计算机之间才能相互通信。我们在使用基于 TCP/IP 协议的网络时，网络中其实传递的就是数据包。理解数据包，对于网络管理的网络安全具有至关重要的意义。

2. TCP 协议

尽管计算机通过安装 IP 协议保证了计算机之间可以发送和接收数据，但 IP 协议还不能解决数据分组在传输过程中可能出现的问题。因此，若要解决可能出现的问题，连上 Internet 的计算机还需要安装 TCP 协议来提供可靠的并且无差错的通信服务。

TCP 协议被称作是一种端对端协议。这是因为它为两台计算机之间的连接起了重要作用：当一台计算机需要与另一台远程计算机连接时，TCP 协议会让它们建立一个连接、发送和接收数据以及终止连接。

TCP 协议利用重发技术和拥塞控制机制，向应用程序提供可靠的通信连接，使它能够自动适应网上的各种变化。即使在 Internet 暂时出现堵塞的情况下，TCP 也能够保证通信的可靠性。

众所周知，Internet 是一个庞大的国际性网络，网络上的拥挤和空闲时间总是交替不定的，加上传送的距离也远近不同，所以传输数据所用时间也会变化不定。TCP 协议具有自动调整"超时值"的功能，能很好地适应 Internet 上各种各样的变化，确保传输数据的正确。

因此，从上面我们可以了解到：IP 协议只保证计算机能发送和接收分组数据，而 TCP 协议可提供一个可靠的、可控的、全双工的信息流传输服务。

综上所述，虽然 IP 和 TCP 这两个协议的功能不尽相同，也可以分开单独使用，但它们是在同一时期作为一个协议来设计的，并且在功能上也是互补的。只有两者的结合，才能保证 Internet 在复杂的环境下正常运行。凡是要连接到 Internet 的计算机，都必须同时安装和使用这两个协议，因此在实际中常把这两个协议统称作 TCP/IP 协议。

3. UDP 协议

UDP 协议即用户数据报协议(UDP，User Datagram Protocol)，是一个无连接无状态协议。它是为小的传输和不需要可靠传输的情况而设计的，主要特点如下：

- 非可靠的和无连接的 UDP 的包可能丢失、重复或不按顺序发送。对于对实时性要求比较高但对可靠性要求比较低的应用程序来说，UDP 协议显然是一个合适的选择。在定义源和目标端口号时，UDP 可以使用应用程序直接访问网络层。

- 非确认的 UDP 不需要接收主机来确认传输。因此，UDP 是非常高效的。UDP 常被高速应用程序使用。使用 UDP，应用程序接受全部的处理响应，包括信息丢失、重复、错误顺序和连接失败。

9.1.5　信息在 Internet 中的传输过程

当 Internet 中的一个用户想给其他用户发送一个文件时，TCP 先把该文件分成一个个小数据包，并加上一些特定的信息(可以看成是装箱单)，以便接收方的计算机确认传输是正确无误的。然后 IP 再在数据包上标上地址信息，形成可在 Internet 上传输的 TCP/IP 数据包。

当 TCP/IP 数据包到达目的地后，计算机首先去掉地址标志，利用 TCP 的装箱单检查数据在传输中是否有损失。如果接收方发现有损坏的数据包，就要求发送端重新发送被损坏的数据包，确认无误后再将各个数据包重新组合成原文件，如图 9-2 所示。就这样，Internet 通过 TCP/IP 协议和 IP 地址实现了它的全球通信功能。

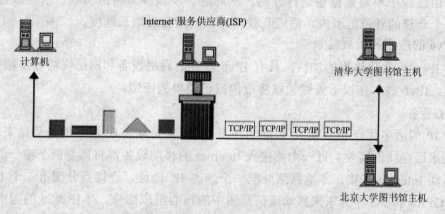

图 9-2　信息在 Internet 中的传输过程

9.1.6 下一代 Internet 协议——IPv6

IPv6 是下一代的 Internet 协议，它的提出最初是因为随着 Internet 的迅速发展，IPv4 定义的有限地址空间将被耗尽，地址空间的不足必将妨碍 Internet 的进一步发展。另外，随着移动 Internet 的发展，要享受移动 Internet 上的各种服务，IPv6 是关键。当每个人都携带一个或多个移动终端时，IPv6 将为所有的移动终端提供唯一的 IP 地址。

1. IPv6 与 IPv4 的比较

IPv4 发展到今天已经使用了 30 多年，它的地址位数为 32 位，即最多有 $2^{32}-1$ 个计算机可以连到 Internet 上。IPv6 中的地址位数为 128 位，即有 $2^{128}-1$ 个地址。另外，在 IPv6 的设计过程中除了一劳永逸地解决了地址短缺问题外，还考虑了在 IPv4 中解决不好的其他问题，主要有端到端 IP 连接、服务质量(QoS)、安全性、多播、移动性、即插即用等。与 IPv4 相比，IPv6 具有以下优点：

- 更小的路由表。IPv6 的地址分配一开始就遵循聚类(aggregation)的原则，这使得路由器能在路由表中用一条记录(entry)表示一片子网，大大减小了路由器中路由表的长度，提高了路由器转发数据包的速度。
- 增强的组播(multicast)支持以及对流的支持(flow-control)。这使得网络上的多媒体应用有了长足发展的机会，为服务质量(QoS)控制提供了良好的网络平台。
- 加入了对自动配置(auto-configuration)的支持。这是对 DHCP 协议的改进和扩展，使得网络(尤其是局域网)的管理更加方便和快捷。
- 更高的安全性。在使用 IPv6 的网络中，用户可以对网络层的数据进行加密，并对 IP 报文进行校验，这极大地增强了网络安全。

IPv6 同时还改进和提高了 IP 包的基本报头格式。这种简化的包结构是对 IPv4 的一个主要改进之处，它有助于弥补 IPv6 长地址占用的带宽。IPv6 的 16 字节地址长度是 IPv4 的 4 字节地址长度的 4 倍，但 IPv6 报头的总长度只有 IPv4 报头总长度的 2 倍。IPv6 报头所含字段少，而且报头长度固定，使路由器的硬件实现更加简单。与 IPv4 不同，IPv6 网络中，在路由过程中不对数据包进行分割，从而进一步减少了路由负载。这些改进使 IPv6 能够在一个合理的开销范围内，适应互联网流量的指数级增长速度。

2. IPv6 的应用和发展前景

随着 IPv6 标准化进程的加快，具有 IPv6 特性的网络设备和网络终端以及相关硬件平台的推出，IPv6 技术在以下关键领域将很快或已经得到应用：

(1) 3G业务

由于 IP 的诸多优点和全球 IP 浪潮的冲击，3G 演变为全 IP 网络的趋势越来越明显。为了满足永远在线的需要，每一个要接入 Internet 的移动设备都将需要两个唯一的 IP 地址来实现移动 Internet 连接，本地网络分配一个静态 IP 地址，连接点分配第二个 IP 地址用于漫游。GPRS 和 3G 作为未来移动通信蓝图中的核心组成部分，对 IP 地址的需求量极大，只有 IPv6 才能满足这种需要。

(2) IP电信网

Internet 极大促进了 IP 电信网的发展。目前，越来越多的人相信，未来的电信网将是基于 IP 技术的网络。当然，IP 电信网不是简单地将现有 Internet 的 IP 技术照搬过来，在网络节点设备做一些冗余备份，以增加网元设备的稳定性就万事大吉了，而必须是对 IP 网彻底地变革。

Internet 的主要任务是实现计算机互联，用户在此基础上可以获得一些服务(这种服务不是网络运营商提供的)，网络是"尽力而为"地提供传输服务，无服务质量保证，亦无售后服务保证，安全问题由用户自行解决。由于理念上存在巨大的差距，因而 IP 电信网绝不可能简单地照搬过来。

(3) 个人智能终端

经济的快速发展带动了个人电子设备的发展，呼机、手机、PDA 到智能手机，有联网能力，集成数据、语音和视频的个人智能终端已经出现。随着智能终端用户群的快速增长，将形成对 IP 地址的巨大需求。

(4) 家庭网络

家用网关的数量目前在快速增长，IBM、Cisco、SUN、Microsoft、3COM 都在进行家庭网络方面的项目。IEEE 1394 和蓝牙等新技术已经被开发用于移动和家庭用途，那些加入了处理器的设备越来越具备和网络相连的条件。

由于 IPv6 拥有巨大的地址空间，即插即用易于配置，对移动性的内在支持，事实上，IPv6 非常符合由大量各种细小设备组成的网络而不是由价格昂贵的计算机组成的网络。随着为各种设备增加网络功能的成本的下降，IPv6 将在连接由各种简单装置的超大型网络中运行良好，这些简单设备可以不仅仅是手机和 PDA，还可以是存货管理标签机、家用电器、信用卡等。因此，拥有 IPv4 丰富使用经验的公司希望将其技术延伸和扩展到 IPv6 的领域中时，必须注意到：IPv6 网络从根本上不同于 IPv4 网络，不仅仅是更大的网络，而且连在网络上的将是更便宜、更简单、更小巧的设备。

(5) 在线游戏

游戏业是一个很大的产业，在线游戏又是游戏业的一个明显的发展趋势，使得玩家能够和跨地域的玩伴展开竞赛，而不再是局限在同一房间里。

在线游戏需要把分散在不同地域的用户连接起来，并保证安全、隐私和计费的需要。由于缺少足够的 IP 地址，IPv4 的网络无法满足在线游戏 P2P 的需求。另外，在线游戏必须支持固定和移动两种网络接入方式。采用基于 IPv6 的游戏终端主要是和游戏服务器进行交互，几乎不需要访问原来大量的 IPv4 的服务器，这也非常符合 IPv6 网络早期的"相互连接的孤岛"的架构。

从 IPv4 过渡到 IPv6 以后，网格计算、高清晰电视、远程医疗等都将可以被整合在一起，使 Internet 真正成为信息高速公路。但 IPv6 在推进过程中，还有一些问题有待解决，例如如何调整 IP 上层的协议，以及 IPv6 的安全模型等。

9.2 使用 ADSL 接入 Internet

Internet 包含传输主干网、城域网和 Internet 接入网 3 部分。传输主干网是连接各个城域网的信息高速公路，提供远距离、高带宽、大容量的数据传输业务。城域网将各个社区的局域网相连接，实现数据的高速传输和信息资源共享。Internet 接入网解决的是从市区 Internet 节点到单位、小区，直到每个家庭用户的终端接入问题。

普通用户接入 Internet 的方式大致有两种：ADSL 宽带拨号和小区宽带。单位则是通过多机连接形成局域网，并通过路由器或代理服务器连接到 Internet，这样既可以实现局域网的功能，同时也可以上网。

9.2.1 选择合适的上网方式

Internet 的接入方式有很多，用户可根据自身实际情况和需要进行选择。

1. 拨号上网

拨号上网是指使用调制解调器和电话线，以打电话的方式连接 ISP 的主机，从而连接上 Internet。这种接入方式的优点是上网方便、无须申请并且费用低廉，缺点是数据传输速率比较低，最高为 56kbit/s。此外，使用拨号上网时不能打电话。

2. ASD 宽带上网

ADSL(Asymmetrical Digital Subscriber Line，非对称数字用户线路)是一种让家庭或小型企业利用现有电话网，通过电话线、网卡和 ADSL 专用的调制解调器与 ISP 连接，从而连接上 Internet 的上网方式。ADSL 数据传输速率较高，理想状态下可达 24Mb/s 下载，3.5Mb/s 上传。ADSL 具有高速以及不影响通话的优势，目前所有城市已开通了这项服务，它已取代了拨号上网，成为用户上网的首选接入方式。

3. 小区宽带

小区宽带一般采用 FTTx+LAN(光纤+局域网)的形式。小区内的交换机和局端交换机以光纤相连，小区内采用综合布线，理论上网速率可达 10/100 Mb/s。这种接入方式有如下的特点：

- 高速上网：上网速率可达 10/100 Mb/s。
- 可靠性高、稳定性好：交换机与局端交换机以光纤相连。
- 设备便宜：只需要一块网卡即可上网。
- 功能强大：不仅提供快速浏览、收发电子邮件、FTP 及 Telnet 等功能，还提供访问宽带 ICP 网站、高速下载服务，即便是视频点播、在线游戏和远程会议，也都可轻松完成。
- 计费灵活：根据平时上网的需要选取全包月、限制性包月或按照流量计费 3 种不同的付费方式。

4. 专线上网

专线上网是指单位使用双绞线、服务器与电脑组成小型局域网再用专线接入 Internet 的一种上网方式，如公司网、校园网、政府办公网和企业网等。这种接入方式的特点是局域网内部传输速率最高，与外线连接 Internet 时速率低一点，但要比前面介绍的 3 种上网方式速率要高得多。

5. 无线上网

无线上网的方案目前有两种，一种是使用无线局域网，用户端使用电脑和无线网卡(如迅驰笔记本)，服务器端使用无线信号发射装置(AP)提供连接信号。使用该方式上网速度快，一般在机场、车站和娱乐场所等有无线信号的地方都可以上网，但是每个 AP 只能覆盖数十米的空间范围。另一种是直接使用手机卡，通过移动通信来上网。使用该上网方式，用户端需使用无线 Modem，服务器端则是由中国移动或中国联通等服务商提供接入服务。这种方式的优点是没有地域限制，只要有手机信号，在当地开通无线上网业务即可，其缺点是速度比较慢。

9.2.2　ADSL 简介

ADSL 技术是一种非对称数字用户线路实现宽带接入互联网的技术，可以让家庭或小型企业利用现有电话网连接 Internet。

1. ADSL 的原理

ADSL 与传统的调制解调器和 ISDN 一样，也是使用电话网作为传输媒介。当在一对电话线的两端分别安置一个 ADSL 设备时，利用分频和编码调制技术，就能够在这段电话线上产生三个信息的通道：一个是高速的下传通道(1.5~1.8Mb/s)，一个是中速的双工通道，一个是普通的电话通道，并且这三个通道可以同时工作。也就是说它能够在现有的电话线上获得最大的数据传输能力，这样在一条电话线上既可以上网"冲浪"，还可以打电话、发送传真。具体工作流程是：经 ADSL Modem 编码后的信号通过电话线传到电话局后再通过一个信号识别/分离器，如果是语音信号就传到电话交换机上，如果是数字信号就接入 Internet。

2. ADSL 的基本状况

随着因特网的快速发展及电子商务的应用，Internet 快速、高效、方便地进入千家万户，成为人们生活中不可或缺的一部分。从此，Internet 的应用也得到迅速发展。数字化、宽带化、光纤到户是今后 Internet 接入方式的必然发展趋势。因此，ADSL 宽带接入技术是最具前景及竞争的技术。

3. ADSL 的优点

- 具有很高的传输速率：理论上，ADSL 的传输速率上行最高可达 1Mb/s，下行最高可达 8Mb/s。使用它可以在因特网自由冲浪、浏览新闻、娱乐、游戏、下载图片，还可以在家中享受高质量的视频点播服务。

- 独享带宽安全可靠：与某些网络的共享网络带宽相比，ADSL 直接连接到电信宽带网的机房，用户可独享带宽。ADSL 利用中国网通深入千家万户的电话网络，骨干网采用中国网通遍布全国的光纤传输，各节点采用 ATM 宽带交换机处理交换信息，信息传递快速、可靠、安全。

- 上网打电话互不干扰：ADSL 数据信号和电话音频信号以频分复用原理调制于各自频段，互不干扰，在上网的同时可以使用电话。而且，由于数据传输不通过电话交换机，因此使用 ADSL 上网不需要缴纳拨号上网的电话费，从而节省了很多费用。

9.2.3 选择 ADSL Modem

由于 ADSL Modem 的安装与调试相对来说较为复杂，不会像普通的 Modem 那样可以轻松地完成。因此，在选购时应根据以下建议来购买适合自己的 ADSL Modem。

- 接口类型：ADSL 目前的接口方式有以太网、USB 和 PCI 这 3 种。USB、PCI 适用于家庭用户，性价比比较高，而且具有小巧、方便和实用的特点。外置以太网接口适用于企业和办公室的局域网，它可以实现多台计算机同时上网。

- 是否附带分离器：由于 ADSL 信道与普通 Modem 不同，所以，要利用电话介质而又不占用电话线路，就需要一个分离器。自带分离器的 ADSL Modem 在价格上相对比较昂贵。

- 支持何种协议：ADSL Modem 上网拨号方式包括专线方式(静态 IP)、PPPoA 及 PPPoE 3 种。一般普通用户都是以 PPPoA、PPPoE 虚拟拨号的方式上网。

- ADSL 的硬件要求：ADSL Modem 同样有内置和外置之分，价格上内置的 ADSL Modem 更占优势，如图 9-3 所示。外置的 ADSL Modem 在性能上有着一定的优势，如图 9-4 所示。

图 9-3　内置 ADSL Modem　　　　图 9-4　外置 ADSL Modem

可以根据自己的实际情况选择内置或外置 ADSL Modem，下面介绍安装外置 ADSL Modem 的方法。

9.2.4 安装 ADSL Modem

申请 ADSL 接入服务需要一台 Pentium 以上或同档次的计算机、网卡、滤波分离器、ADSL Modem 和一条电话线，两条 100Mb/s 标准的局域网双绞线(即交叉网线)等。不过，最重要的是申请者到当地电信局开通此项业务。办完手续后会有专业人员在规定的时间内上门为用户调试好网络连接。ADSL 硬件安装通常包括两部分，即网络的安装与配置以及安装 ADSL 调制解调器。

1. 安装分离器

把 ISP 提供的含 ADSL 功能的电话线接入滤波分离器的 Line 接口，把普通电话接入 Phone 接口，电话部分完全和普通电话一样正常使用，如图 9-5 所示。

2. 安装 ADSL Modem

用准备好的 100Mb/s 网线从滤波分离器的 ADSL 接口连接到 ADSL Modem 的 ADSL 接口，再用另一根网线把网卡和 ADSL Modem 的 Ethernet 接口连接起来，如图 9-6 所示。

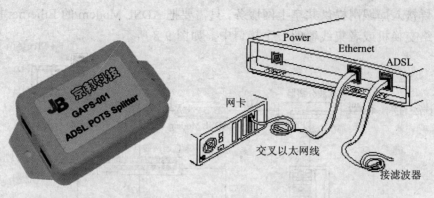

图 9-5　ADSL 分离器　　　　　　图 9-6　连接 ADSL Modem

在 ADSL Modem 上通常有 5 个指示灯，依次是 ADSL、Ethernet、ATM 25、Maint 及 Power，通过这些指示灯信号可以了解到 ADSL 的工作状况。其指示的信息包括以下几种情况，如表 9-1 所示。

表 9-1　指示灯信息

指　示　灯	ADSL 工作状态
ADSL 红灯	代表 ADSL Modem 没有检测到 ISP 的 ADSL 网络信号，即网络有故障
ADSL 绿灯	代表检测到网络信号并且正在与 ISP 的网络同步，连通网络
Ethernet 灯	代表与局域网网卡的连接没有正常工作或没有连接网卡，绿色常亮表示工作正常，闪动代表 ADSL Modem 和网卡之间正在传送数据
ATM 25 灯	与 Ethernet 含义相似
Maint 灯	代表 ADSL 信号中的控制维护信号正常
Power 灯	表示通电与否

由于 ADSL 本身的技术复杂，它是在普通电话线的低频语音上叠加高频数字信号，所以，从电话公司到 ADSL 滤波分离器这段连接中任何设备的加入都将影响到数据的正常传输，所以在滤波分离器之前不要并接电话分机、电话防盗打器等设备。ADSL 的安装图如图 9-7 所示。

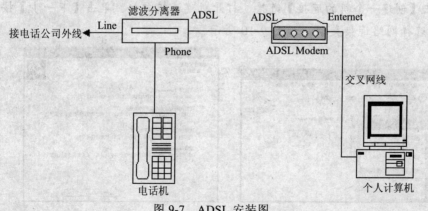

图 9-7　ADSL 安装图

如果需要接入局域网提供共享上网服务，只需要把 ADSL Modem 的 Ethernet 接口直接连接到网络交换机或者集线器的一个接口中，如图 9-8 所示。

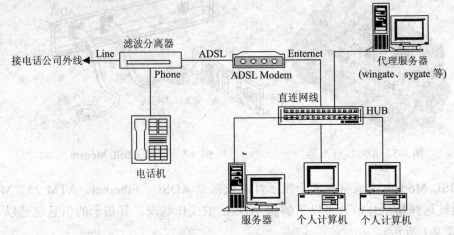

图 9-8　ADSL 连接局域网

在安装 ADSL Modem 时，还需要注意以下几点。

- ADSL Modem 与 10/100Mb/s 网卡连接时，使用 100Mb/s 标准制作网线(交叉网线)。
- ADSL Modem 与 10Mb/s 集线器/交换机连接时，使用 10Mb/s 标准制作网线(直连网线)。
- ADSL Modem 与 100Mb/s 的集线器/交换机连接用于局域网共享上网时，建议将 ADSL Modem 连接到服务器上。

9.2.5　建立 ADSL 宽带连接

完成 ADSL Modem 的安装之后，可以在 Windows XP 中创建一个 ADSL 宽带连接，并使用该连接和自己在电信部门申请的 ADSL 宽带账号接入 Internet。

例 9-1　在 Windows XP 中建立 ADSL 宽带连接。

❶ 在桌面上双击【网上邻居】图标，打开【网上邻居】窗口。在左侧的【网络任务】窗格中单击【查看网络连接】链接，打开【网络连接】窗口，如图 9-9 所示。

❷ 单击【创建一个新的连接】链接，打开新建连接向导。单击【下一步】按钮，跳过欢迎界面。选择网络连接类型，如图 9-10 所示。

图 9-9　【网络连接】窗口

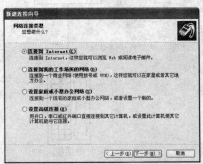

图 9-10　选择网络连接类型

❸ 选中【连接到 Internet】单选按钮，单击【下一步】按钮。选择如何连接到 Internet，如图 9-11 所示。

❹ 选中【手动设置我的连接】单选按钮，单击【下一步】按钮。选中【用要求用户名和密码的宽带连接来连接】单选按钮，如图 9-12 所示。

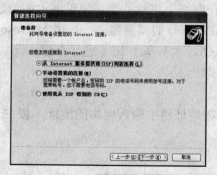 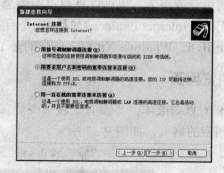

图 9-11　选择如何连接到 Internet　　　　图 9-12　选择怎样连接到 Internet

❺ 单击【下一步】按钮，输入 ISP 名称，该名称将作为新建的网络连接的名称，如图 9-13 所示。

❻ 单击【下一步】按钮，输入自己的 ADSL 账户名和密码，如图 9-14 所示。

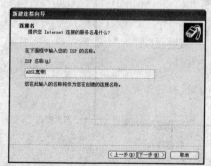 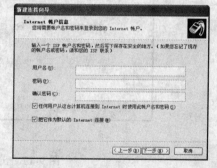

图 9-13　输入连接名称　　　　　　图 9-14　输入账户名和密码

❼ 单击【下一步】按钮，在打开的对话框中单击【完成】按钮，完成连接，如图 9-15 所示。

❽ 新建的网络连接将出现在【网络连接】窗口中，双击连接名称，会弹出【连接宽带连接】对话框，输入用户名和密码，单击【连接】按钮即可进行 ADSL 宽带连接，如图 9-16 所示。

图 9-15　完成网络连接　　　　图 9-16　【连接宽带连接】对话框

9.3　使用 Internet Explorer 8 浏览网页

网络是一个巨大的信息库，实现了全球信息资源的共享，用户可以在其中查找和获取自己所需的信息或服务，也可以将自己的信息在网络上进行共享。浏览网上的信息需要借助浏览器工具，Internet Explorer(简称 IE)是目前最流行的浏览器之一，由 Microsoft 研发，最新版本是 IE 8。Windows XP SP3 自带的是 IE 6，本书基于 IE 8 进行介绍。

9.3.1　浏览网页

IE 8 相对以前版本，界面有了较大变化。在地址栏中输入网站的地址，按 Enter 键，即可打开相应的网页，如图 9-17 所示。

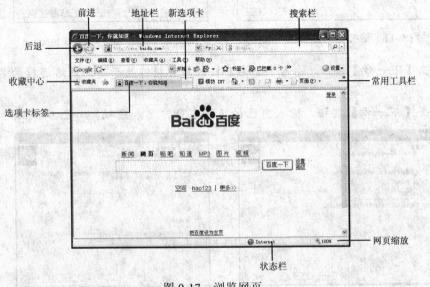

图 9-17　浏览网页

1. 使用选项卡浏览页面

IE 8 可在一个窗口中以选项卡形式显示多个页面。用户可以单击不同的选项卡标签在不同页面间进行切换，处于当前的选项卡标签右侧有一个【关闭】按钮，单击即可关闭此页。也可以利用【快速导航】下拉列表框在不同的选项卡间进行切换。还可以直接单击【快速导航】按钮，进入直观的导航页，如图 9-18 所示。

当需要切换到某个网页上时，用户可以在该网页的缩略图上单击，即可放大显示该网页。要在窗口中新建选项卡以浏览网页，可单击【新选项卡】按钮，然后在新选项卡的地址栏中输入要打开的新网页网址即可。读者在单击网页上的超链接时，右击该超链接，在弹出的快捷菜单中可选择是在新窗口中还是在新选项卡中打开链接，如图 9-19 所示。要关闭某个选项卡，可直接单击选项卡上的【关闭】按钮。

提示：IE 8 保留了原有版本的网址自动完成功能。用户只需在地址栏输入网页地址中的前几个字符，地址栏下拉列表框将自动列出一系列以输入字符开头的网址，从中单击需要的网址即可打开该 Web 页。如果要访问曾经访问过的站点，只需展开地址栏下拉列表框，从中单击相应的网址即可。

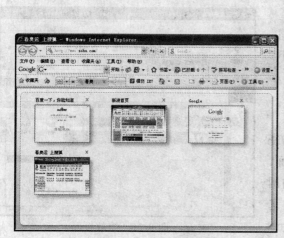

图 9-18　快速导航网页　　　　　　图 9-19　选择新链接的打开方式

当用户单击页面中的某个新链接或打开某个新页面时，IE 8 默认都使用新的窗口来打开。可通过更改 IE 8 的属性设置，来使 IE 8 默认以新选项卡形式打开链接或新页面。在常用工具栏选择【设置】|【Internet 选项】命令，打开【Internet 选项】对话框。在【常规】选项卡的【选项卡】选项区域单击【设置】按钮，在打开的对话框中选中【始终在新选项卡中打开弹出窗口】单选按钮，单击【确定】按钮即可，如图 9-20 所示。

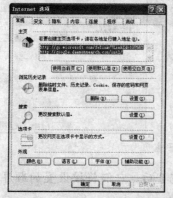
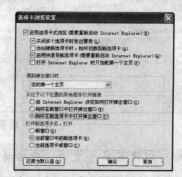

图 9-20　设置始终以选项卡形式打开新页面

2. 停止网页

IE 提供了一个停止网页传输的快捷按钮，即【停止】按钮。当用户不小心错连了某个站点，或者正在连接某个网页时，由于下载速度的原因迟迟不能打开该网页，而想放弃对该网页的访问时，单击该按钮就可以强迫停止网页的传输。此时，在 IE 窗口中将显示网页传输中断后的结果。

3. 刷新网页

当用户访问过某些网页后，IE 会自动将这些网页的信息以 Cookie 的形式保存在 Windows 目录下。这样当需要重复访问该网页时，就不必重新从网站上下载数据以提高访问速度，但这样可能会造成网页的内容不能及时更新。此时，单击【刷新】按钮，就可以将网页的内容重新下载一次。

4. 缩放页面

为了提高文字、图片的可读性，IE 8 提供了
页面的缩放功能。用户只需在页面下方的缩
放按钮处单击，从中选择合适的放大或缩小
比例就可以即时更改，如图 9-21 所示。

9.3.2 设置主页

图 9-21　缩放页面

主页是指每次打开 IE 时自动打开的 Web
页，IE 8 默认的主页是 IE 8 的功能介绍页面，
用户可以对其进行修改，将自己经常访问的网
页设置为主页。具体方法如下：启动 IE 8，选
择【工具】|【Internet 选项】命令，打开【Internet
选项】对话框。在【常规】选项卡的【主页】
选项区域输入要设置为主页的网站地址，单击【应用】按钮即可，如图 9-22 所示。下次启
动 IE 8 时，将默认打开该网站。

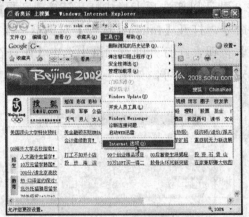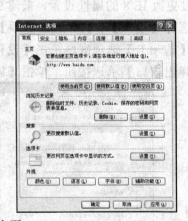

图 9-22　设置 IE 主页

注意：IE 8 中可以设置多个主页，在启动 IE 8 后，它们将按设置的顺序显示在不同的
选项卡中。

9.3.3 使用历史记录

如果要查看最近访问过的 Web 页，可选择【收藏中心】|【历史记录】命令，选择显
示方式，图 9-23 所示的是【按日期】显示方式，窗格中显示了【今天】、【星期一】、【上
星期】用户访问过的 Web 页的链接，单击其中一项就可以访问到相应的网页。用户也可以
按站点、访问次数、今天的访问顺序等方式来显示历史记录。

用户的历史记录被保存在本地电脑中，默认仅保存 20 天。如果用户希望改变默认的
天数，可打开【Internet 选项】对话框的【常规】选项卡，单击【浏览历史记录】区域中
的【设置】按钮，打开【Internet 临时文件和历史记录设置】对话框，可在其中设置保存
历史记录的文件夹的位置和要使用的磁盘空间大小，以及网页保存在历史记录中的天数，
如图 9-24 所示。

<table>
<tr><td>图 9-23　使用历史记录浏览网页</td><td>图 9-24　设置历史记录</td></tr>
</table>

如果用户想删除历史记录，可单击【浏览历史记录】区域中的【删除】按钮。

9.3.4　收藏网页

当用户在网上发现自己喜欢的网页时，可以将其添加到收藏夹中，这样就可以随时通过收藏夹来访问它，而不用担心忘记了该网页的网址。

要将某个网页添加到收藏夹中，可首先打开该网页，然后选择【添加到收藏夹】|【添加到收藏夹】命令，打开【添加收藏】对话框。在【名称】文本框中输入网页的名称，在【创建位置】下拉列表框中选择网页收藏的位置。将网页按不同分类收藏在不同的文件夹中，可便于收藏夹中内容的组织和管理，最后单击【添加】按钮，如图 9-25 所示。用户还可以将整个选项卡组中的网页一并添加到收藏夹中。

需要浏览收藏夹中的网页时，可单击【收藏中心】按钮，在下拉列表框中单击收藏该网页时的名称即可。要固定显示收藏夹中的内容，可单击【固定收藏中心】按钮，收藏中心将以窗格形式固定显示在浏览器窗口的左侧，和传统 IE 浏览器的收藏夹一样。用户可在其中滚动查看所要打开的网页，如图 9-26 所示。

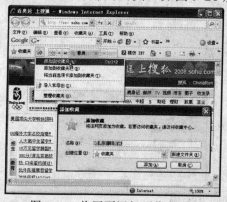

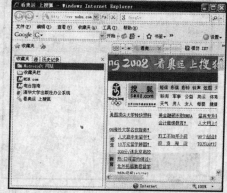

<table>
<tr><td>图 9-25　将网页添加到收藏夹中</td><td>图 9-26　固定收藏中心</td></tr>
</table>

当收藏的网页不断增加时，就需要对收藏的内容进行整理，进行重新组织，删除一些不再经常访问的网页。选择【添加到收藏夹】|【整理收藏夹】命令，打开【整理收藏夹】对话框，如图 9-27 所示。

- 要将某个网页从一个文件夹移动到另一个文件夹中，可选中后单击【移到】按钮，打开【浏览文件夹】对话框，选中要移到的目标文件夹，单击【确定】按钮即可，如图 9-28 所示。

图 9-27 【整理收藏夹】对话框　　图 9-28 【浏览文件夹】对话框

- 要新建一个文件夹，单击【新建文件夹】按钮，就可以在收藏夹中新建一个文件夹，并对其命名。
- 要修改某个文件夹的名称，可选中该文件夹，单击【重命名】按钮，对其重新命名即可。
- 要删除收藏的某个网页或文件夹，可选中后，单击【删除】按钮即可。

9.3.5 RSS 订阅

RSS 又称为阅读源或提要，是自动发给浏览器的网站内容。订阅 RSS 可以在不访问该网站的情况下获取该网站的更新信息。IE 8 提供了 RSS 订阅功能，在浏览提供 RSS 订阅服务的网站时，常用工具栏的【提要】按钮可用。

要订阅 RSS，可首先打开提供 RSS 订阅功能的网页，单击页面上的【RSS】订阅按钮，在打开的窗口中设置订阅内容的显示方式和内容，然后单击【订阅该源】命令，设置该 RSS 源的名称和保存位置，如图 9-29 所示。

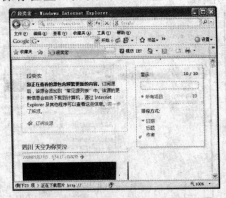 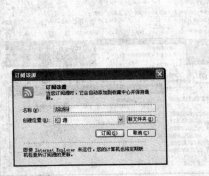

图 9-29 查看和订阅 RSS 源

要更新和查看订阅的 RSS，单击【收藏中心】按钮，打开收藏中心面板。单击面板顶部的【源】按钮，可看到用户订阅的 RSS 源。将光标放到每个源对应的项目上后，从弹出信息中可以查看该源的上次更新时间以及是否有未读的内容。单击这个源，即可在当前选项卡中打开源的内容。

9.3.6　保存网页内容

浏览 Web 页时，经常会碰到需要保存以便将来参考或与他人共享的信息。通过 IE 8 可以将 Web 页的全部或部分内容保存起来。具体方法如下：在新的选项卡中打开要保存的网页，选择【页面】|【另存为】命令，打开【保存网页】对话框，如图 9-30 所示。

在【文件名】中输入保存页面的文件名，在【保存在】下拉列表框中选择保存网页的位置，在【保存类型】下拉列表框中选择保存网页的内容，可以是整个网页、单个文档或文本文件等，单击【保存】按钮，网页中的内容即按照用户的设置保存到指定的位置。

图 9-30　保存页面内容

9.4　收发电子邮件

电子邮件(E-Mail，Electronic Mail)又称电子信箱、电子邮政，也被大家昵称为"伊妹儿"。它是一种用电子手段提供信息交换的通信方式，用户可以用非常低廉的价格，以非常快速的方式，与世界上任何一个角落的网络用户联系。这些电子邮件可以是文字、图像、声音等各种方式。同时，用户可以得到大量免费的新闻、专题邮件，并实现轻松的信息搜索。正是由于电子邮件的这些优点，使它成为 Internet 最重要的应用服务之一。

9.4.1　电子邮件的工作原理

电子邮件的工作过程遵循客户/服务器模式。每份电子邮件的发送都要涉及到发送方与接收方，发送方构成客户端，而接收方构成服务器，服务器含有众多用户的电子邮箱。发送方通过邮件客户程序，将编辑好的电子邮件向邮件服务器(SMTP 服务器)发送。邮件服务器识别接收者的地址，并向管理该地址的邮件服务器(POP3 服务器)发送消息。邮件服务器会将消息存放在接收者的电子信箱内，并告知接收者有新邮件到来。接收者通过邮件客户程序连接到服务器后，就会看到服务器的通知，进而打开自己的电子信箱来查收邮件。

通常 Internet 上的个人用户不能直接接收电子邮件，而是通过申请 ISP 主机的一个电子信箱，由 ISP 主机负责电子邮件的接收。一旦有用户的电子邮件到来，ISP 主机就将邮件移到用户的电子信箱内，并通知用户有新邮件。因此，当发送一条电子邮件给另一个客户时，电子邮件首先从用户计算机发送到 ISP 主机，再到 Internet，再到收件人的 ISP 主机，最后到收件人的个人计算机。

ISP 主机起着"邮局"的作用，管理着众多用户的电子信箱。每个用户的电子信箱实际上就是用户所申请的账号名。每个用户的电子邮件信箱都要占用 ISP 主机一定容量的硬盘空间，由于这一空间是有限的，因此用户要定期查收和阅读电子信箱中的邮件，以便腾出空间来接收新的邮件。

9.4.2 电子邮件的通信协议

电子邮件传递可以通过多种协议来实现。目前，Internet 上最流行的 3 种电子邮件协议是 SMTP、POP3 和 IMAP。

- SMTP 协议：即简单邮件传输协议(Simple Mail Transfer Protocol)，是一个运行在 TCP/IP 之上的协议，用它发送和接收电子邮件。SMTP 在默认端口 25 上监听，它的客户使用一组简单的、基于文本的命令与 SMTP 服务器进行通信。在建立了一个连接后，为了接收响应，SMTP 客户首先发出一个命令来标识它们的电子邮件地址。如果 SMTP 服务器接受了发送者发出的文本命令，它就利用一个 OK 响应和整数代码确认每一个命令。客户发送的另一个命令意味着电子邮件消息体的开始，消息体以一个圆点 "." 加上回车符终止。

- POP3 协议：即邮局协议(Post Office Protocol Version 3)，它提供了一种对邮件消息进行排队的标准机制，这样接收者以后才能检索邮件。POP3 服务器也运行在 TCP/IP 之上，并且在默认端口 110 上监听。在客户和服务器之间进行了初始的会话之后，基于文本的命令序列可以被交换。POP3 客户利用用户名和口令向 POP3 服务器认证。POP3 的认证是在一种未加密的会话基础之上进行的。POP3 客户发出一系列命令发送给 POP3 服务器。POP3 代表一种存储转发类型的消息传递服务。现在，大部分邮件服务器都采用 SMTP 发送邮件，同时使用 POP3 接收电子邮件消息。

- IMAP 协议：Internet 消息访问协议(Internet Message Access Protocol)是一种电子邮件消息排队服务，它对 POP3 的存储转发限制提供了重要的改进。IMAP 也使用基于文本命令的语法在 TCP/IP 上运行，IMAP 服务器一般在默认端口 143 监听。IMAP 服务器允许 IMAP 客户端下载一个电子邮件的头消息，并且不要求将整个消息从服务器下载至客户端，这一点与 POP3 是相同的。IMAP 服务器提供了一种排队机制以接收消息，同时必须与 SMTP 结合在一起才能发送消息。

当前，大多数邮件协议都支持安全的服务器连接，许多电子邮件客户端程序还集成了对 SSL 连接的支持。除此之外，加密技术也被应用到电子邮件的发送接收和阅读过程中，以保证用户信息的安全性。

9.4.3 电子邮箱的地址格式

在 Internet 中，邮箱地址如同自己的身份，其格式如下：

> 用户名@域名.后缀

其中，"用户名"代表电子邮箱的账号，一般以字母或数字开头，由英文字母、数字、下划线、点或减号等组成，长度一般不超过 20 个字符，且不允许有空格，例如 choice103、mary1982 等。对于同一个邮件接收服务器来说，这个账号是唯一的。"@"读作英文"at"，表示在的意思。"域名"是用户邮箱的邮件接收服务器域名，用以标识为您提供电子邮件服务的服务商名称，如 sohu.com，sina.com，163.com 等。每个域名都有一个后缀，用于标识该服务器属于哪种组织，常见的后缀有 com(商业机构)、net(网络服务机构)、org(非营利性组织)、edu(教育机构)、gov(政府部门)。因此，一个完整的电子邮箱地址如"beijing2008@sina.com"。

通常，一封完整的电子邮件应该由邮件头和邮件主体两部分组成。邮件头包括收信人地址和邮件主题等信息，邮件主体则是发信人输入的邮件内容。有的邮件还会涉及到添加抄送地址、暗送地址、附件、签名、数字证书等。

9.4.4　如何选择电子邮件服务商

收发电子邮件有两种方式：Web 方式和 POP3 方式。前者是用户通过登录到提供电子邮箱服务的网站上进行邮件的收发；后者则是使用专门的邮件管理软件(如 Foxmail、Outlook Express 等)来收发邮件。无论何种方式，用户都首先需要拥有一个电子邮箱。电子邮箱分为免费的和收费的两种。目前，大多数电子邮件服务商如雅虎、网易、新浪等都提供免费邮箱服务，因此用户可以很轻易就申请到一个属于自己的电子邮箱。

在选择电子邮件服务商之前我们要明白使用电子邮件的目的是什么，根据自己的目的有针对性地去选择。

- 如果是经常和国外的客户联系，建议使用国外的电子邮箱，如 Gmail、 Hotmail、MSN mail、Yahoo mail 等。
- 如果是想当作网络硬盘使用，经常存放一些图片等资料，那么就应该选择存储量大的邮箱，如 Gmail、Yahoo mail、网易 163 mail、126mail、yeah mail、TOM mail、21CN mail 等。
- 如果自己有计算机，那么最好选择支持 POP/SMTP 协议的邮箱，这样可以通过 Outlook、Foxmail 等邮件客户端软件将邮件下载到自己的硬盘上，不用担心邮箱的大小不够用，同时还能避免别人窃取密码以后偷看您的信件。
- 如果经常需要收发一些大的附件，Gmail、Yahoo mail、Hotmail、MSN mail，网易 163 mail、126 mail、Yeah mail 等都能很好地满足要求。
- 若是想在第一时间知道自己的新邮件，那么推荐使用中国移动通信的移动梦网随心邮，当有邮件到达的时候会有手机短信通知。中国联通用户可以选择如意邮箱。
- 使用收费邮箱的则要注意邮箱的性价比是否值得花钱购买，也要看看自己能否长期支付其费用，目前网易 VIP 邮箱、188 财富邮都很不错，尤其是提供多种名片设计方案，非常人性化，建议使用。

9.4.5　申请 Gmail 免费邮箱

Gmail 是 Google 推出的一种新型的网络邮箱，内置了 Google 的搜索技术并提供6517MB 以上的存储空间(仍在不断增加)。可以永久保留重要的邮件、文件和图片，并使用搜索快速、轻松地查找任何需要的内容。Gmail 中没有弹出式窗口和有针对性的横幅广告，只有右侧小幅文字广告。广告和相关信息与用户的邮件有关，因此用户并不会觉得突兀，有时它们还很有用。

根据 Google 的隐私政策，Gmail 不会泄露用户的隐私。Gmail 还将即时消息整合到电子邮件中，因此当用户在线时，可以更好地与好友联系，简单、有效甚至充满使用乐趣。可以说，Gmail 开辟了电子邮件的全新思维方式。

例 9-2 申请 Gmail 免费邮箱。

❶ 打开浏览器，在地址栏输入 www.mail.google.com 并按 Enter 键，进入图 9-31 所示的 Gmail 登录和注册页面。

图 9-31　Gmail 登录和注册页面

❷ 单击右下角的【注册 Gmail】链接，进入创建账户页面，如图 9-32 所示。按照要求填写姓名、账户名、密码、密码提示问题，并阅读服务条款，完成后单击【我接受：创建我的账户】按钮。

图 9-32　创建 Gmail 账户

❸ 账户创建成功后，将进入图 9-33 所示的 Gmail 简介页面。单击页面右上角的【我已经准备好了-请显示我的账户】链接(用户也可以在图 9-31 所示界面中使用注册成功的账户名和密码进行登录)，可进入自己的邮箱，如图 9-34 所示。

图 9-33　Gmail 简介页面

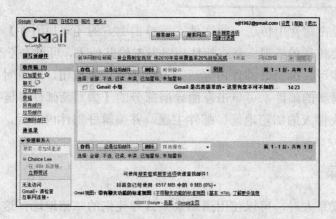

图 9-34　进入自己的 Gmail 邮箱

9.4.6　收取和发送电子邮件

进入自己的 Gmail 邮箱后，左侧【收件箱】中显示了未读邮件。单击【收件箱】即可在右侧内容区域查看邮件列表，单击邮件的主题即可阅读其内容，如图 9-35 所示。单击【返回收件箱】链接，可返回邮件列表。对于收件箱中的邮件，用户可将其存档、删除或标记为垃圾邮件，只要选中后单击对应的按钮即可。

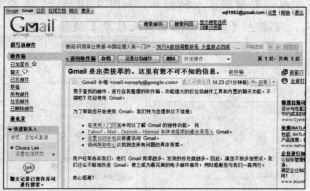

图 9-35　阅读邮件内容

如果要回复发件人，可单击邮件正文右上角的【回复】链接，即可打开邮件编辑框，输入发送内容，如图 9-36 所示。

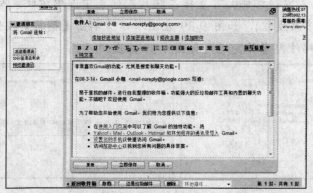

图 9-36　邮件编辑页面

如果用户还需要在邮件中传送一些文件，可单击上方的【添加附件】链接，在打开的对话框中选择自己要传送的资料。要将邮件同时发送给其他人，可单击【添加抄送】链接，然后输入抄送地址即可。编辑好邮件内容后，单击【发送】按钮，即可对邮件进行回复。

如果用户要撰写新的邮件，可单击左侧导航部分的【撰写新邮件】链接，在打开的邮件编辑页面中输入收件人的邮箱地址、邮件主题，并编辑好邮件内容后，单击【发送】按钮即可。

9.4.7 使用通讯录

当用户有多个联系人时，可以使用通讯录来管理他们的邮箱地址。这样，在向他们发送邮件时就不用每次都输入收件人的地址，而是直接从通讯录中选择即可。对于具有相同性质的联系人，可以为他们创建组，例如可以建立一个"朋友"组，然后将通讯录中所有好朋友添加进去。

例 9-3 使用通讯录和组。

❶ 进入自己的 Gmail 邮箱，在左侧导航部分单击【通讯录】链接，打开自己的通讯录，如图 9-37 所示。页面中有 3 个选项卡，分别用于列出自己经常联络的人、所有联系人和组。

❷ 单击【请添加联系人】链接，进入添加联系人页面。输入联系人的姓名、主电子邮件地址、备注信息，还可以设置该联系人的图片，如图 9-38 所示，最后单击【保存】按钮。如果要继续添加联系人，可单击【添加其他联系人信息】链接。

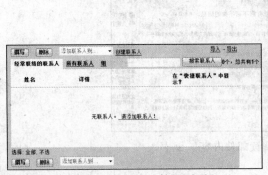
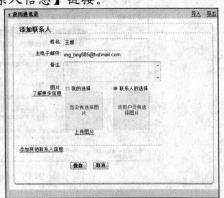

图 9-37　通讯录管理页面　　　　　　　　　图 9-38　添加联系人

❸ 要向某个联系人发送邮件，可直接在联系人列表中选中该联系人前面的复选框(可以选中多个，一次给多人发信)，如图 9-39 左图所示。单击【撰写】按钮，即可在打开的邮件编辑页面中编写邮件内容并发送，如图 9-39 右图所示。

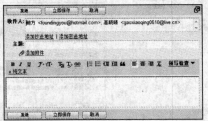

图 9-39　给联系人发送邮件

❹ 当通讯录中联系人很多时，为了便于管理，可以将他们分组。在通讯录页面单击【组】链接，下面将显示组列表。可以单击【创建组】链接，在打开页面中输入组名并添加组成员，用户只需直接输入联系人的名字并按下 Enter 键，Gmail 将自动匹配其电子邮箱地址，用鼠标进行选择即可，完成后单击【创建组】按钮，如图 9-40 所示。

图 9-40　创建组并向其中添加成员

❺ 创建了组后，用户就可以直接向组进行邮件群发了。只需在组列表中选中组名称前面的复选框后，单击【撰写】按钮，即可编写邮件内容并向组中每个成员发送邮件。

❻ Google 将其强大的搜索技术应用到了 Gmail 中，如果用户一时找不到某个联系人或某个邮件，不用担心，在搜索框中输入联系人名称或邮件的关键字，单击旁边的搜索按钮，即可快速找到所需内容。

❼ Gmail 通讯录还提供了强大的导入、导出功能，使用这些功能可以快速获取批量的外部地址，也可以输出、备份或者转移 Gmail 通讯录。Gmail 目前只支持 CSV 格式的文本，因而对于 MSN 等以其他格式保存的地址簿，必须先进行格式转换才可以导入到 Gmail 中。在通讯录管理界面单击【导入】链接，打开图 9-41 左图所示页面。

❽ 单击【浏览】按钮，在打开的对话框中选择要导入的联系人文件，单击【打开】按钮，如图 9-41 右图所示。单击【导入通讯录】按钮，即可将外部的联系人地址转移到 Gmail 中。

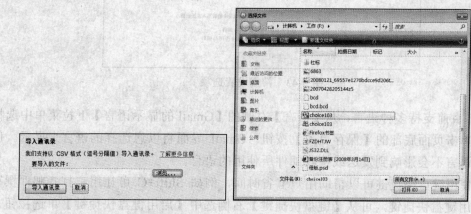

图 9-41　向 Gmail 中导入外部联系人地址

❾ 如果要将 Gmail 中的联系人导出，以便可以在 Outlook 或 Foxmail 等客户端软件中使用，可以单击通讯录管理页面中的【导出】按钮，在打开页面中选择导出方式，然后单击【导出联系人】按钮，对联系人进行保存即可，如图 9-42 所示。

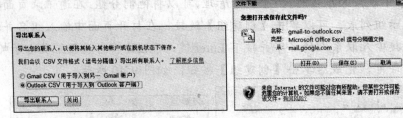

图 9-42 导出 Gmail 通讯录

9.4.8 使用签名、图片、外出回复

通过对 Gmail 进行设置，可以使其更加高效地为用户服务。进入自己的 Gmail 邮箱后，单击右上角的【设置】链接，即可进入 Gmail 的设置页面。常规设置主要包括语言设置，自己和联系人的图片设置，签名设置，外出回复设置等，如图 9-43 所示。

图 9-43 常规设置选项

Gmail 目前支持多种语言，从【语言】右侧的【Gmail 的显示语言】下拉菜单中选择一种语言，单击页面底部的【保存更改】按钮，Gmail 界面将以您选择的语言来显示。但账户的显示语言不会影响到发送或接收邮件所使用的语言。

通过使用键盘快捷键可以帮助用户节省时间，例如 Shift+C 可让用户打开邮件撰写窗口。要使用键盘快捷键，可从【键盘快捷键】右侧选中【启用键盘快捷键】单选按钮。

您希望向大家展示什么面孔？用户可以选择一张照片作为 Google 图片，当其他用户的鼠标指针滑过收件箱、通讯录或快捷联系人列表中您的姓名时，该图标即会显示。要设置自己的图片，用户可单击【我的图片】右侧的【选择图片】链接，将打开图片上传页面，用户可选择 JPG、GIF、PNG 格式的图片作为自己的照片。单击【上传图片】按钮，上传成功后，用户还可以用鼠标调整图片的大小，单击【裁剪图片】按钮即可，如图 9-44 所示。图片设置好后，用户还可以在【我的图片】右侧选择自己的照片是向所有 Gmail 用户显示，还是仅向可与自己聊天的好友显示。用同样的方法，您还可以为自己的联系人设置图片。

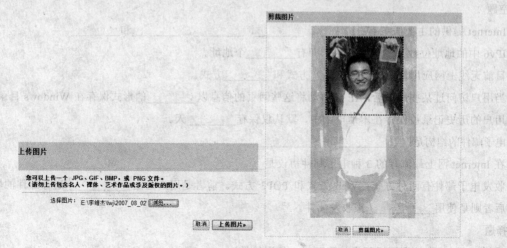

图 9-44　上传并设置图片大小

在【签名】右侧的文本框中，用户可以设置自己的签名，但首先要禁用【无签名】单选按钮。

如果用户经常需要外出而无法及时回复别人的邮件，可启用 Gmail 的外出回复功能，让别人知道您暂时无法立即与其联系。在【外出回复】右侧选中【启用外出回复】单选按钮，然后在下面编写回复邮件的主题和内容。启用了外出回复功能后，用户可以在 Gmail 账户的顶部看到一条横幅，上面显示您外出回复的主题。要停止 Gmail 自动发送回复，请点击横幅中的【现在停止】。如果希望修改该回复，请单击【休假设置】。

注意：归类为垃圾邮件以及发送至您订阅的邮件列表的邮件不会收到外出回复。用户的设置必须单击页面底部的【保存更改】按钮才会生效，包括后面账户、过滤器的设置等。

用户在每次发送邮件时，Gmail 都将自动选择与您撰写新邮件所使用语言对应的编码。但是，收件人可能无法正常查看您发送的邮件。建议用户在所有外发邮件中使用 UTF-8 编码格式(可以在【外发邮件编码】右侧进行设置)，这是许多电子邮件客户端都支持的一种标准编码。

本 章 小 结

本章首先介绍了 Internet 的起源、发展、服务类型、工作协议等基础知识，这些是理解 Internet 工作原理及其应用的必备知识。然后重点介绍了使用 ADSL 接入 Internet 的过程，这是目前个人用户最常用的接入方式。之后，介绍了使用 IE 8 浏览网上信息的方法、技巧。电子邮件已经成为当今工作和生活中不可或缺的部分，因而，本章在末尾详细介绍了电子邮件的工作原理、通信协议等，并以 Gmail 为例，介绍电子邮箱的申请方法，邮件的收发等知识。下一章向读者介绍 Windows XP 下局域网的组建和资源的共享。

习 题

填空题

1. Internet 提供的主要服务有_____、_____、_____、_____和_____。

2. IPv6 中的地址位数为_____位，即有_____个地址。

3. 目前无线上网应用最常见有_____方式和_____方式。

4. 当用户访问过某些网页后，IE 会自动将这些网页的信息以_____的形式保存在 Windows 目录下。

5. 用户的历史记录被保存在本地电脑中，默认仅保存_____天。

6. 电子邮件的结构是：_____@_____。

7. 在 Internet 网上最流行的 3 种电子邮件协议是_____、_____和_____。

8. 收发电子邮件有两种方式：Web 方式和 POP3 方式。前者是用户通过_____进行邮件的收发；后者则是使用_____来收发邮件。

选择题

9. 通过 Internet 直接调用远程主机资源时，使用的是 Internet 的(　　)服务。

    A. WWW 服务　　　　B. E-Mail 服务　　　　C. Telnet 服务　　　　D. FTP 服务

10. 连接各个城域网的信息高速公路，提供远距离、高带宽、大容量的数据传输业务的是(　　)。

    A. 主干网　　　　　　B. 城域网　　　　　　C. Internet 接入网

11. 下列 4 项内容中，不属于 Internet 所提供的服务的是_____。

    A. 电子邮件　　　　　　　　　　B. 文件传输

    C. 远程登录　　　　　　　　　　D. 实时监控

12. 运行在 TCP/IP 之上，并用它发送和接收电子邮件的协议是(　　)。

    A. POP3　　　　　　　　　　　　B. POPO

    C. SMTP　　　　　　　　　　　　D. IMAP

简答题

13. 简述数据在 Internet 中的传递过程。

14. 简述 IPv6 的主要应用领域和发展前景。

15. 分析您身边的无线上网情况采用的是何种技术。

16. 简述应如何根据需要选择合适的电子邮件服务商。

上机操作题

17. 使用 IE 8 订阅 RSS 新闻。

18. 在网上申请一个 Hotmail 免费邮箱，参阅实训 13.8，练习使用该邮箱创建一个 Foxmail 邮箱账户，下载并管理接收到的邮件，然后搜索并订阅自己感兴趣的 RSS 新闻或博客。

第 10 章

局域网组建与资源共享

本章主要介绍 Windows XP 下如何组建局域网，网络连接的设置、检测，以及网络资源的共享等。通过本章的学习，应该完成以下学习目标：

- ☑ 学会组建并配置局域网
- ☑ 掌握本地连接的基本管理方法
- ☑ 学会诊断并解决网络故障
- ☑ 学会在局域网内共享网络资源

10.1 初识局域网

从广义上讲，局域网(Local Area Network，LAN)是联网距离有限的数据通信系统。它支持各种通信设备的互联，并以廉价的媒介提供宽频带的通信来完成信息交换和资源共享，而且通常是为用户自己所专有的。局域网具有较高的传输能力、稳定性和可扩充性，传输距离较短(联网计算机的距离一般应小于 10km)，经过的网络连接设备较少，因而具有较快的速度和较高的可靠性。

10.1.1 有线局域网

目前，实际生活中使用最广泛的有线局域网被称为以太网(Ethernet)，也是本书所要介绍的一种计算机局域网组网技术。目前全球企业用户的 90%以上都采用以太网接入，这已成为企业用户的主导接入方式。采用以太网作为企业用户接入手段的主要原因是其已有的深厚网络基础，以及目前所有流行的操作系统和应用也都是与以太网兼容的。

由于速度和标准的不同，以太网可分为以下两种类型：

- 快速以太网，传输速率为 100Mb/s，具有高性能、全交换、灵活性、高效性、可扩展性、系统安全保密性及管理简单等特点。
- 千兆以太网，传输速率为 1000Mb/s，具有可靠性、灵活性、高效性、可扩展性、系统安全保密性及管理简单等特点。

目前流行的是快速以太网。它是局域网(LAN)以每秒钟 100 兆位(每秒 100 兆是指分享数据的速度)的速率(100BASE-T)来传输数据的标准。数据传输速率为 100Mb/s 的快速以太网是一种高速局域网技术，能够为桌面用户、服务器或者服务器群等提供更高的网各带宽。

10.1.2　无线局域网

无线局域网(Wireless LAN)是 21 世纪初期才逐渐兴起的网络技术。该技术可以非常便捷地以无线方式连接网络设备，人们可随时、随地、随意地访问网络资源，是现代数据通信系统发展的重要方向。一般来说，凡是采用无线传输媒体的计算机局域网都可称为无线局域网。

无线局域网的基础还是传统的有线局域网，是有线局域网的扩展和延伸。它只是在有线局域网的基础上通过无线 HUB、无线访问节点(AP)、无线网桥及无线网卡等设备使无线通信得以实现。其中以无线网卡最为普遍。无线局域网未来的研究方向主要集中在安全性、移动漫游、网络管理以及与 3G 等其他移动通信系统之间的关系等问题上。

10.2　组建和配置局域网

下面以有线局域网为例，介绍其组建和配置方法。在组建局域网前，用户必须首先确定局域网的拓扑结构，即局域网的物理连接方式，目前有很多种，如星型、总线型、树型、环型等。办公室局域网使用最广泛的是星型结构，其参考模型如图 10-1 所示。搭配星型局域网需要使用的设备有：配有网卡的计算机、交换机、路由器，以及连接设备所需的双绞线、水晶头等。

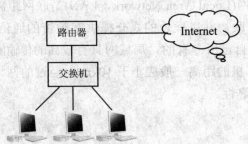

图 10-1　局域网常用的连接方式

10.2.1　制作双绞线

要构建有线局域网，必须使用以太网线进行连接，而以太网线使用的是双绞线(即网线和水晶头)。如果构建一个较大型的局域网，那么需要定制双绞线；如果构建一个小型的家庭局域网，则只需从销售商那儿购买。注意，在购买双绞线时，需要检测网线是否能接通，很多时候网络各部分都已设置好，但是网络还是不通，就很可能是网线有问题。

检测网线可以使用网线测试仪，也可通过观察网卡或集线器上的指示灯来确定网线是否存在问题。若网卡或集线器对应的端口指示灯亮，表示网线没有问题；反之，则可能是网线存在质量问题，或者是水晶头没有压紧。

除了从商店购买双绞线，也可以自己动手制作双绞线。注意，在制作双绞线前，必须要配置双绞线压线钳，其功能是将网线和水晶头压在一起，目前的压线钳大部分都还拥有斜口钳、剥线器的功能。

例 10-1 使用网线和水晶头制作双绞线。

❶ 使用压线钳的斜口钳功能剪取所需长度的双绞线，然后在两端套上护套，如图 10-2 所示。

图 10-2 剪取双绞线并套护套

❷ 利用双绞线剥线器将双绞线的外皮剥去，并将 4 对芯线呈扇形拨开，然后将每一对芯线分开，如图 10-3 所示。

❸ 将 8 条芯线并拢后剪齐，留下约 1.4cm，然后将双绞线按排线顺序插入 RJ-45 水晶头接口，如图 10-4 所示。

图 10-3 拨线 图 10-4 装入水晶接头

注意：双绞线的排线顺序有两种标准——568A 和 568B。568A 的顺序为：白绿、绿、白橙、蓝、白蓝、橙、白棕、棕。568B 的顺序为：白橙、橙、白绿、蓝、白蓝、绿、白棕、棕。若计算机与集线器或路由器连接，双绞线的两端应采用同一种标准，一般采用 568B。若两台计算机直接相连，则双绞线两端分别采用 568A 和 568B。

❹ 将 RJ-45 接头放入压线钳的压线槽，一面将线向接头前端顶，一面用力压紧，如图 10-5 所示。

❺ 将护套推向接头，将水晶接头套住即可，如图 10-6 所示。

图 10-5 压线 图 10-6 护套套住接口

注意：将双绞线的芯线插入 RJ-45 接头时一定要插到底，直到另一端可以清楚地看到每根线的铜线芯为止。若制作的是屏蔽双绞线，还要注意将双绞线外面的金属屏蔽层压入 RJ-45 连接器的金属片下，否则起不到屏蔽作用。

10.2.2 连接交换机/路由器

交换机(图 10-7 所示)和路由器(图 10-8 所示)是最常用的局域网简单互联设备。交换机的主要参数有类型、传输率、端口数量、背板带宽等，一般情况下采用的都是快速以太网交换机。随着路由器价格的不断下降，越来越多的用户在组建局域网时会选择路由器，与交换机相比，路由器拥有更加强大的数据通道以及控制功能。

图 10-7 交换机　　　　　　　　　　图 10-8 路由器

连接集线器与连接路由器的方法相同，将网线一端插入集线器/路由器上的接口，另一端插入计算机网卡接口中即可。

10.2.3 配置路由器

拥有固定 IP 地址的网络可以在路由器中设置，如果采用的是带路由功能的 ADSL Modem，也可以进入 Modem 设置。配置完成后重启路由器，局域网内的计算机即可上网。下面以 TP-Link 402 小型 SOHU 路由器为例，介绍如何对局域网进行配置。

例 10-2 配置局域网路由器。

❶ 首先，查看路由器的使用说明书，找到该路由器的 IP 地址为 192.168.1.1，用户名和密码均为 admin。

❷ 在局域网内的任何一台计算机上，将本地连接的 IP 地址设置为 192.168.1.*(*为 2～254 间任意数值)。这样以便使本机和路由器在同一个网段，能够进入路由器进行设置。打开 IE 浏览器，输入路由器的 IP 地址，系统会提示输入用户名和密码，如图 10-9 所示。

❸ 输入用户名和密码，单击【确定】按钮，进入路由器配置页面，如图 10-10 所示。

❹ 在左侧导航区域单击【网络参数】|【LAN 口设置】，在打开页面中设置 LAN 口的基本参数，包括 IP 地址和子网掩码等，如图 10-11 所示，单击【保存】按钮。

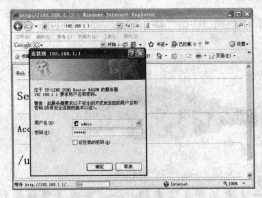 

图 10-9 输入用户名和密码　　　　图 10-10 路由器配置页面

❺ 单击【网络参数】|【WAN 口设置】，在打开页面的【WAN 口连接类型】下拉列表中选择连接类型：静态 IP、动态 IP 或 PPPoE。这里选择 PPPoE，并在下面输入 ISP 提供的上网账户和对应密码。然后设置连接模式，对于办公环境而言，一般选择【自动连接，在开机或断线后自动进行连接】方式，最后单击【保存】按钮，如图 10-12 所示。

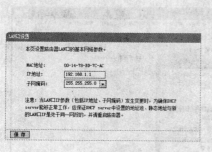

图 10-11　设置 LAN 口基本参数

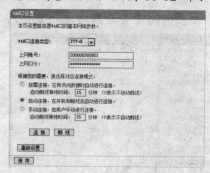

图 10-12　设置 WAN 口

❻ 单击【DHCP 服务器】|【DHCP 服务】，在打开页面中选中【启用】复选框以启用 DHCP 服务。然后输入局域网的地址范围，在【网关】文本框中输入路由器的地址，DNS 地址由 ISP 提供，如图 10-13 所示，最后单击【保存】按钮。

❼ 单击【系统工具】|【重启路由器】，在页面中单击【重启路由器】按钮，完成路由器的配置，如图 10-14 所示。

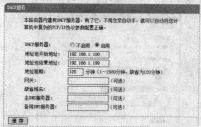

图 10-13　启用并设置 DHCP 服务器

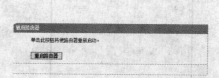

图 10-14　重启路由器

提示：PPPoE 的全称是基于局域网的点对点通信协议(Point to Point Protocol over Ethernet)，是目前宽带上网的最佳选择。对于终端用户而言，不需要了解比较深的局域网技术，只要当作拨号上网就可以了。对于服务商而言，只需在现有局域网基础上，设置 IP 地址绑定用户即可支持专线方式。PPPoE 的实质是以太网和拨号网络之间的一个中继协议，继承了以太网的快速和 PPP 拨号的简单、用户验证、IP 分配等优势。

10.2.4　配置网络协议

局域网在连接完毕后，多台计算机之间还必须遵循某种相同的规范才能进行相互通信。这种通信规范通常被称为"网络协议"。目前的局域网使用最为广泛的网络协议为 TCP/IP 协议，并且由于 TCP/IP 协议使用 IP 地址和子网掩码来唯一标识局域网中客户机的地址。局域网中客户机网络协议的配置分两种：一种是在服务器或路由器开启了 DHCP 和 DNS 服务后，所有客户机的 IP 地址和 DNS 地址均采用自动获取；另一种则需要对每个客户机单独进行网络设置。

例 10-3 对局域网中的客户机手动配置网络协议。

❶ 在桌面上双击【网上邻居】图标，打开【网上邻居】窗口，如图 10-15 所示。【网上邻居】显示了局域网中的共享资源，包括打印机、文件夹等，还包含了指向某种任务和位置的超链接，以帮助用户查看网络连接或工作组中的计算机。

❷ 单击左侧的【查看网络连接】链接，打开【网络连接】窗口，如图 10-16 所示。

图 10-15 【网上邻居】窗口   图 10-16 【网络连接】窗口

❸ 右击【本地连接】图标，从弹出的快捷菜单中选择【状态】命令，打开【本地连接状态】对话框，如图 10-17 所示。该对话框显示了当前连接的建立时间、连接速度和数据的收发情况。

❹ 单击【属性】按钮，打开【本地连接属性】对话框，如图 10-18 所示。

图 10-17 【本地连接状态】对话框   图 10-18 【本地连接属性】对话框

❺ 在【此连接使用下列项目】列表框中，选择【Internet 协议(TCP/IP)】选项。

❻ 单击【属性】按钮，打开【Internet 协议(TCP/IP)属性】对话框，如图 10-19 所示。

❼ 在打开【Internet 协议(TCP/IP)属性】对话框中，如果服务器或路由器开启了 DHCP 和 DNS 服务，请选中【自动获得 IP 地址】和【自动获得 DNS 服务器地址】单选按钮。如果局域网使用的是静态 IP 地址分配，请选中【使用下面的 IP 地址】单选按钮。

❽ 在【IP 地址】文本框中，输入 IP 地址；在【子网掩码】文本框中，输入子网掩码；在【默认网关】文本框中，输入默认网关。选中【使用下面的 DNS 服务器地址】单选按钮，在【首选 DNS 服务器】文本框中，输入 DNS 服务器地址，如图 10-20 所示。

❾ 设置完毕后，单击【确定】按钮，成功识别局域网后，本地计算机即可接入 Internet。

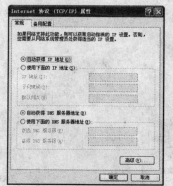

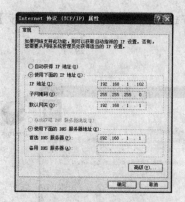

图 10-19 【Internet 协议(TCP/IP)属性】对话框　　图 10-20 手动配置网络协议

10.3　管理局域网

局域网搭建好了以后，为了便于对局域网中的计算机和共享资源进行管理，通常还需设置网络位置，对局域网中的各计算机命名，对本地连接进行管理，以及检测网络状态等。

10.3.1　命名局域网中的计算机并设置其位置

在 Windows 局域网中，对于来自不同计算机的共享资源，如何区别其来源？这就需要对计算机标识，以说明"该文件夹是由这台计算机提供的"。如果局域网中的计算机较多，还可以设置不同的工作组，将同一团队或小组的成员分到同一个工作组中，便于他们快速找到对方机器。通过 Windows XP 的网络安装向导，可以快速完成上述设置。

例 10-4　设置局域网中计算机的属性。

❶ 打开【开始】菜单，单击【所有程序】命令，在展开的菜单中选择【附件】|【通讯】|【网络安装向导】命令，启动网络安装向导，如图 10-21 所示。

❷ 单击【下一步】按钮，确定您已经完成图 10-22 中所提到的步骤。

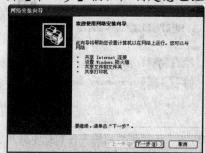

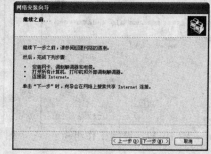

图 10-21　启动网络安装向导　　　　　图 10-22　需要完成的步骤

❸ 单击【下一步】按钮，选择网络的连接方法，如图 10-23 所示。直接连接到 Internet 的示意图如图 10-24 所示，通过居民区的网关或其他计算机连接到 Internet 的示意图如图 0-25 所示。

❹ 选择好连接方法后，单击【下一步】按钮，输入计算机的描述信息和名称，如图 10-26 所示。

图 10-23　选择网络的连接方法　　　　　图 10-24　直接连接到 Internet

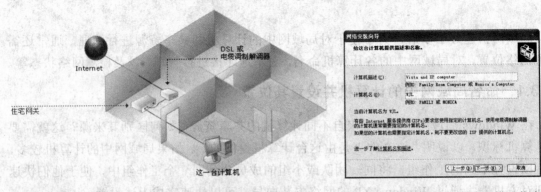

图 10-25　通过网关或其他计算机连接到 Internet　　　图 10-26　输入计算机名称和描述信息

❺ 单击【下一步】按钮，设置计算机所在的工作组名称，如图 10-27 所示。

❻ 单击【下一步】按钮，选择是否启用文件和打印机共享，如图 10-28 所示。

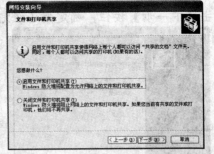

图 10-27　设置工作组　　　　　　图 10-28　选择是否启用文件和打印机共享

❼ 单击【下一步】按钮，查看向导将要进行的网络设置，如图 10-29 所示。如果发现有误，可以返回前面步骤重新设置。

❽ 单击【下一步】按钮，向导开始应用设置，完成后，选择是否在局域网中的其他计算机上运行该向导，如图 10-30 所示。

❾ 单击【下一步】按钮，单击【完成】按钮，关闭网络安装向导。

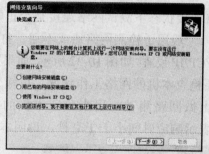

图 10-29　查看将要应用的设置　　　图 10-30　选择是否在其他计算机上运行该向导

10.3.2　管理本地连接

本地连接使得计算机可以访问网络和 Internet 上的资源，每一个安装在系统中的网络适配器都会被自动创建一个本地连接。

本地连接的创建和连接都是自动的，但有些时候用户可能希望手动来启用和禁用网络连接。例如现在很多学校用户都安装两个网络连接，一个 ADSL，一个教育网。ADSL 访问商业网站等速度较快，但访问教研机构和高校网站慢。教育网则访问高校校园网站速度较快。由于用户计算机在某一时刻只能有一个网络连接启作用，这就需要手动来启用和禁用网络连接了。

打开【网络连接】窗口，右击要禁用的网络连接，从弹出的快捷菜单中选择【停用】命令，禁用后，网络连接图标呈现灰色，如图 10-31 所示。如果要重新启用该网络连接，从其右击快捷菜单中选择【启用】命令即可。

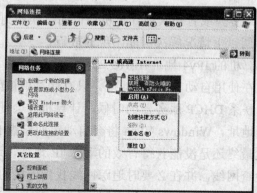

图 10-31　启用或禁用本地连接

Windows XP 最初将连接命名为"本地连接"。如果用户需要重命名某个连接，以显示该连接的特色和用处，如"ADSL 网"、"教育网"等，可右击目标连接，从快捷菜单中单击【重命名】命令。然后输入新的名称即可。

10.3.3　检测网络连接状况

正常接入 Internet 并成功组建局域网后，用户还需了解一些常用的网络检测方法，包括查看本机 IP 地址，测试网络连接是否正常，以及测试网速等，以便解决一些常见的网络连接故障。

在网络连接状态下测试网络连接是否正常的最简单方法是使用 Ping 命令。Ping 命令是 DOS 命令，一般用于检测网络通或不通。打开 DOS 命令提示符窗口，输入 Ipconfig 可显示本机的 TCP/IP 设置，如图 10-32 所示。如果要显示更详细的信息，可输入命令 Ipconfig/all。

如果要检查本机的网络工作状况，可输入命令 Ping localhost，如图 10-33 所示。该命令在本机上做回路测试，用来验证本机的 TCP/IP 协议簇是否被正确安装。图中显示 time<1ms 表示响应时间小于 1 毫秒，说明本机网络正常。

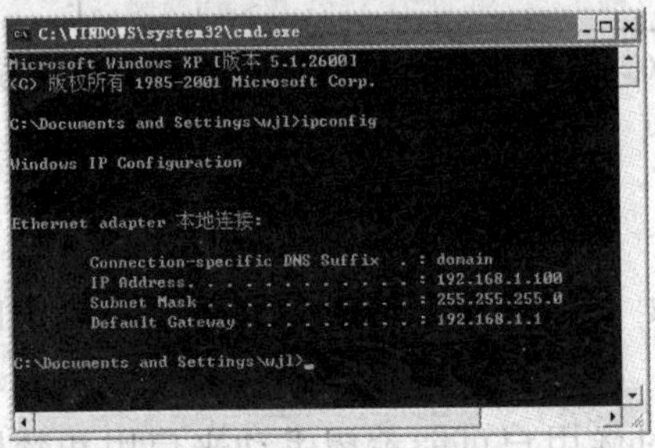

图 10-32　显示本机 TCP/IP 设置

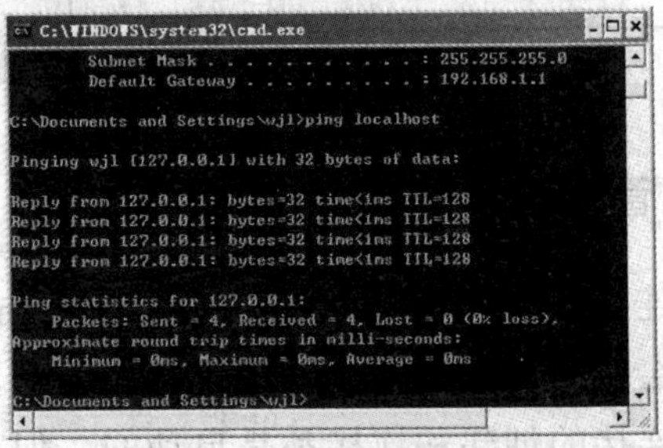

图 10-33　检查本机网络工作状况

如果要检查本机与局域网中的计算机的通信状况，可输入命令 Ping 192.168.1.101。这里的 192.168.1.101 是对方计算机的 IP 地址。

另外，在使用 WINS 的域中，可尝试 PING NetBIOS 计算机名，如果在 PING 命令中成功解析了 NetBIOS 计算机名，那么说明 NetBIOS 设备的配置是正确的。在使用 DNS 的域中，可尝试 PING DNS 主机名，如果完全限定 DNS 主机名被 PING 命令正确解析，那么说明 DNS 名称解析的配置正确。

- 如果用户在访问网络资源或者和其他计算机通信的时候遇到故障，那很可能是因为 IP 地址故障，可参阅以下情况解决可能出现的故障。

- 如果当前分配给计算机的 IPv4 地址在 169.254.0.1～169.254.255.254 的范围内，则表示计算机目前正在使用自动专用 IP 地址。只有计算机被配置为使用 DHCP，但 DHCP 客户端无法联系 DHCP 服务器的时候，计算机才会使用自动专用 IP 地址。如果使用自动专用地址，Windows Vista 将会自动定期检查 DHCP 服务器是否已经可用。如果计算机最终还是没能获得有效的动态 IP 地址，这通常意味着网络连接有问题。用户可检查网线，并在必要时追踪网线找到连接的交换机或路由器。

- 如果计算机的 IPv4 地址以及子网掩码都被设置为 0.0.0.0，这表示网络已经断开或者有人曾尝试已经在网络上使用了的静态 IP 地址分配给本机。在这种情况下，用户可查看网络连接的状态。如果连接被禁用或者断开，那么都会直接显示出来。用户可右击连接，启用或修复该连接。

- 如果 IP 地址是动态分配的，请检查网络上是否有其他计算机使用了同样的 IP 地址。用户可以将本机的网络断开，然后 PING 有问题的 IP 地址，如果收到了回应，则表示该 IP 地址已经被其他计算机使用。

- 如果 IP 地址显示设置一切正常，则请将有问题的计算机网络设置与可以正常使用的计算机的网络设置进行比较，检查子网掩码、网关、DNS 以及 WINS 设置。

10.4　共享局域网资源

要在局域网中共享资源，用户必须启用文件和打印机共享功能。在桌面上双击【网上邻居】图标，打开的【网上邻居】窗口中将显示局域网中共享的文件和打印机。Windows XP支持两种文件共享模式：公用文件共享和标准文件共享。

公用文件共享主要是为了让用户在单一位置共享文件和文件夹，该功能可以让用户快速掌握自己都共享了什么内容，并按照共享资源的类型进行组织。标准共享则使得用户可以随时共享 Windows 资源管理器任何位置的文件或文件夹。

10.4.1　使用和配置公用文件夹

在桌面上双击【我的电脑】图标，打开【我的电脑】窗口。双击窗口中的【共享文档】文件夹图标，可查看所有的公用共享文件夹，如图 10-34 所示。

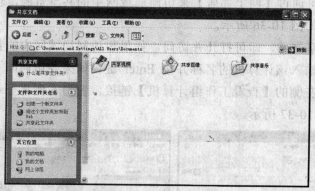

图 10-34　公用文件夹

公用文件夹中包含了【共享视频】、【共享图像】和【共享音乐】这 3 个子文件夹，用户可以按文件类型进行组织，将需要共享的文件复制到对应的文件夹中。用户也可以直接将要共享的内容复制到【共享文档】文件夹下。

10.4.2　使用标准共享

如果想要随时共享计算机中任意位置的文件，而不想将其复制到【共享文档】文件夹中，可以使用标准共享。

在 Windows 资源管理器中找到并右击要共享的文件或文件夹，从弹出的快捷菜单中选择【共享和安全】命令，打开该文件或文件夹的属性窗口。默认打开的是【共享】选项卡，选中【网络共享和安全】选项区域的【在网络上共享这个文件夹】复选框，如图 10-36 左图所示。可以通过【共享名】文本框设置其他用户在【网上邻居】看到的该文件或文件夹的名称。如果选中了【允许网络用户更改我的文件】复选框，则其他用户不仅可以访问该共享文件或文件夹，还可以对其进行修改。

单击【确定】按钮，共享的文件或文件夹图标将出现一个手状标识，如图 10-35 右图所示。

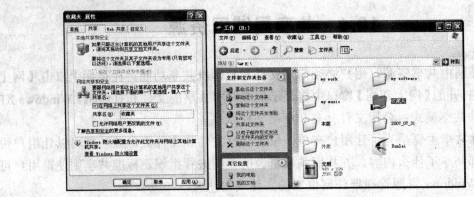

图 10-35　共享文件或文件夹

10.4.3　访问局域网中的共享资源

局域网中的用户可通过【网上邻居】来访问局域网中的共享资源，包括共享的文件、文件夹、打印机等，如图 10-36 所示。

双击要查看的共享文件，即可打开并访问。如果想访问局域网中的其他计算机，可直接在窗口的地址栏中输入该计算机的名称并按 Enter 键。如果要访问同一工作组中的其他计算机，可单击窗口左侧的【查看工作组计算机】链接，窗口右侧将显示该工作组中当前连接的计算机，如图 10-37 所示。

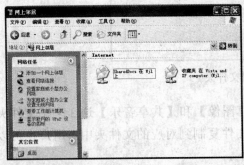

图 10-36　访问局域网中的共享资源　　　　图 10-37　访问工作组计算机

本 章 小 结

本章介绍了如何在 Windows XP 下组建和配置局域网，以及如何检测网络状态和对常见 IP 地址故障进行修复。末尾介绍了局域网资源的共享方法。学习完本章，读者应学会基本的局域网组建技术和网络管理方法。下一章向读者介绍磁盘管理和注册表维护等方面的知识。

习　题

填空题

1. 局域网的拓扑结构就是指局域网的物理连接方式，目前有很多种，办公室局域网使用最广泛的是_____结构。

2. 如果当前分配给计算机的 IPv4 地址在从 169.254.0.1～169.254.255.254 的范围内，则表示计算机目前正在使用_____IP 地址。

3. _____服务器可以自动分配很多网络配置设置，这些设置包括 IP 地址、默认网关、首选和备用 DNS 服务器、首选和备用 WINS 服务器等。

4. 每一个安装在系统中的网络适配器都会被自动创建一个_____。

5. 在 Windows XP 下，如果希望自己的计算机可以被其他计算机看到和访问，则必须启用_____功能。

6. Windows XP 支持两种文件共享模式：_____文件共享和_____文件共享。

选择题

7. 如果要在命令提示符窗口中显示本机的 TCP/IP 信息，应输入命令(　　)。

    A. Ping localhost　　　　　　　　B. Ping 对方 IP 地址

    C. Ipconfig/release　　　　　　　　D. Ipconfig/renew

简答题

8. 如何使用 Ping 命令检测局域网中网络连接状况？

上机操作题

9. 进入路由器设置页面并进行配置。

10. 在局域网内共享某个文件。

第 11 章

磁盘管理与注册表维护

本章主要介绍如何有效地管理磁盘，并对注册表进行维护。通过本章的学习，应该完成以下<u>学习目标</u>：

- ☑ 学会管理和维护磁盘
- ☑ 了解注册表的作用和结构
- ☑ 学会备份和还原注册表
- ☑ 学会为注册表设置访问权限

11.1 磁盘的管理和维护

计算机中的数据都保存在磁盘中。因而，磁盘的管理和维护是用户对计算机进行日常维护的重要方面。

11.1.1 卷和卷标

卷是 Windows XP 的一种磁盘管理的方式，每个卷可以看成是一个逻辑盘。既可以是一个物理硬盘的逻辑盘，即直接能看到的 D 盘、E 盘，也可以是两个硬盘或两个硬盘的部分空间组成的 RAID 0 或 RAID 1 阵列，或是更多硬盘组成的其他 RAID 5 阵列，但在【我的电脑】或【资源管理器】中都显示为一个本地磁盘。

卷分为基本磁盘上的基本卷和动态磁盘上的动态卷，基本卷包括存放操作系统和操作系统支持文件的引导卷(也就是安装 Windows XP 的卷)和存放加载 Windows XP 所需专用硬件文件的系统卷(通常为 C 盘)，引导卷和系统卷可以是同一个卷。动态卷包括简单卷、跨区卷、带区卷、镜像卷和 RAID 5 卷。

Windows XP 将磁盘分区的卷标默认为"本地磁盘"，为了突出该磁盘的作用和存储的数据的特点，可以对卷标进行更改。只需右击磁盘分区的盘符，从弹出的快捷菜单中选择【属性】命令，打开该磁盘分区属性对话框，如图 11-1 所示。在文本框中修改"本地磁盘"为要使用的名称即可。

通过磁盘分区的属性对话框，用户还可以查看该分区的文件系统类型，容量大小、可用空间大小和已用空间大小等。另外，在【我的电脑】窗口中，选中某个磁盘分区后，可在左侧的【详细信息】栏中查看该分区的状态。

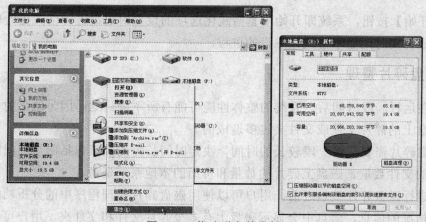

图 11-1　修改磁盘的卷标

11.1.2　磁盘的格式化

格式化是最基本的磁盘管理工作。格式化磁盘的作用是重建磁盘根目录和文件分配表，以保证磁盘的完整和干净。

磁盘的格式化分为低级格式化和高级格式化两种。低级格式化又称为物理格式化，通常在硬盘出厂之前已经完成。其作用是为硬盘划分磁道(柱面)和扇区，并在每个扇区的地址域上标注地址信息，设置硬盘的工作参数，对坏磁道进行标注等。用户要想对硬盘进行低级格式化，通常需要使用专门的低级格式化软件，如 DM、Lformat 等。低级格式化是一种对硬盘高损耗的操作，如非十分必要，建议用户不要进行。

磁盘在进行了低级格式化之后需要再进行分区和高级格式化后才能够使用。高级格式化就是逻辑格式化，其作用是对扇区进行逻辑编号，在各个逻辑盘建立文件分配表(FAT)，为根目录建立文件目录表(FDT)及数据区。用户可以在 DOS 命令符下通过 Format 命令来高级格式化硬盘，也可以用 Windows 操作系统进行高级格式化操作。

图 11-2　【格式化】对话框

平时所说的格式化通常是指高级格式化。在格式化磁盘之前，首先要对磁盘中的数据进行备份，关闭准备进行格式化磁盘上的所有打开的文件、文件夹与应用程序。在【我的电脑】或【资源管理器】窗口中，右击要格式化的磁盘驱动器，从弹出的快捷菜单中选择【格式化】命令，打开【格式化】对话框，如图 11-2 所示。

【卷标】文本框：用于输入便于识别磁盘内容的卷标。文本框为空则表示不使用卷标。

【快速格式化】复选框：启用后，在格式化操作时不检查磁盘中是否存在损坏的部分，仅仅对已经格式化过的磁盘有效。它实际上并没有进行格式化操作，只是删除磁盘上的所有文件。

【创建一个 MS-DOS 启动盘】：选择该选项之后，系统在对磁盘进行格式化操作之后，将自动复制系统文件到磁盘中，使当前磁盘可以作为 MS-DOS 的引导盘。

单击【开始】按钮，系统即开始根据格式化选项的设置对磁盘进行格式化处理，并且在对话框的底部实时地显示格式化磁盘的进程。

11.1.3 磁盘碎片整理

计算机在运行一段时间后，系统的整体性能可能有所下降。这是因为磁盘的多次读写操作后，磁盘上的碎片文件或文件夹过多造成的。

整理磁盘碎片需要花费一段较长的时间，决定时间长短的因素包括磁盘空间的大小、磁盘中包含的文件数量、磁盘上碎片的数量和可用的本地系统资源。

在正式进行磁盘碎片整理之前，用户可以使用磁盘碎片整理程序中的分析功能得到磁盘空间使用情况的信息，信息中会显示磁盘上有多少碎片文件和文件夹。用户可以根据信息来决定是否需要对磁盘进行整理。

例 11-1　对 H 盘进行磁盘碎片整理。

❶ 打开【开始】菜单，单击【所有程序】命令，在展开菜单中选择【附件】|【系统工具】|【磁盘碎片整理程序】命令，打开【磁盘碎片整理程序】对话框。

❷ 在窗口上方的驱动器列表中选定要进行整理的 H 盘，并单击【分析】按钮。系统将对当前选定的驱动器进行磁盘分析，并在【进行碎片整理前预计磁盘使用量】区域中显示各种性质的文件在磁盘上的使用情况。其中的绿色区域表示无法移动的系统文件。

❸ 分析结束后，将打开一个建议对 H 盘进行碎片整理的对话框。

❹ 单击【碎片整理】按钮，系统自动对 H 盘进行碎片整理工作，并且显示碎片整理的进度和各种文件信息，如图 11-3 所示。

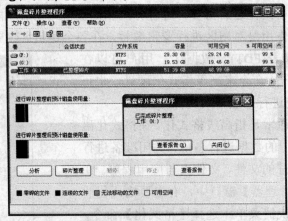

图 11-3　整理磁盘碎片

在磁盘碎片的整理过程中，用户可单击【暂停】按钮来暂时终止整理工作，也可单击【停止】按钮来结束整理工作。完成磁盘碎片整理工作后，用户应该单击【查看报告】按钮，查看 D 盘碎片整理的结果。

11.1.4 磁盘清理

计算机在使用一段时间后，平时进行的大量读写操作，会使磁盘上存留许多临时文件或已经没用的程序。这些残留文件和程序不但占用磁盘空间，而且会影响系统的整体性能。

因此用户需要定期进行磁盘清理工作，清除掉没有用的临时文件和程序，以便释放磁盘空间。

例 11-2 对 D 盘进行磁盘清理操作。

❶ 打开【开始】菜单，单击【所有程序】命令，在展开菜单中选择【附件】|【系统工具】|【磁盘清理】命令，打开【选择驱动器】对话框，如图 11-4 所示。

图 11-4 【选择驱动器】对话框

❷ 在【驱动器】下拉菜单中选定要进行清理的 D 盘，并单击【确定】按钮。系统将打开当前驱动器的磁盘清理窗口，如图 11-5 所示。

❸ 在【要删除的文件】列表框中，系统列出了当前驱动器上可删除的无用文件。用户可以通过启用这些文件前的复选框来确认是否删除该类文件。另外，用户可以通过单击对话框的【查看文件】按钮来查看选中的文件夹中所包含的文件。

❹ 选中需要删除的文件后，单击【确定】按钮，系统将完成删除操作。

❺ 如果用户需要删除某个不用的 Windows 组件，可以在磁盘清理对话框中，单击【其他选项】标签，打开【其他选项】选项卡，如图 11-6 所示。

❻ 在【Windows 组件】选项区域中，单击【清理】按钮，启动【Windows 组件向导】。用户可以在向导的帮助下对【Windows 组件】进行添加、删除操作。

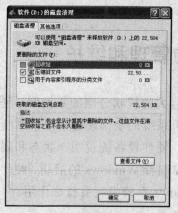

图 11-5 【磁盘清理】选项卡

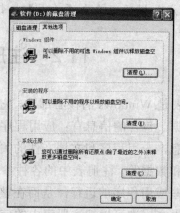

图 11-6 【其他选项】选项卡

❼ 如果用户希望删除以前安装的程序，可在【安装的程序】选项区域中单击【清理】按钮，系统将自动启动【添加/删除程序】向导。在【添加/删除程序】向导的帮助下，用户可轻松地完成删除程序的操作。

❽ 单击【确定】按钮，完成磁盘的清理操作。

11.1.5 磁盘查错

【磁盘查错】工具可以对磁盘进行扫描、检测和修复，从而避免因系统文件和启动磁盘的损坏而导致的 Windows XP 不能启动或不能正常工作的情况。

例 11-3 对 C 盘进行磁盘查错操作。

❶ 打开【我的电脑】窗口，右击 C 盘并从弹出的快捷菜单中选择【属性】命令，打开当前磁盘的属性对话框。单击【工具】标签，打开【工具】选项卡，如图 11-7 所示。

❷ 在【查错】选项区域中，单击【开始检查】按钮，打开【检查磁盘】对话框，如图 11-8 所示。

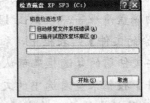

图 11-7 【工具】选项卡　　　　图 11-8 【检查磁盘】对话框

❸ 设置完毕后单击【开始】按钮，即可使用系统提供的【磁盘扫描程序】对损坏的磁盘进行一般性的检查与修复。如果选中了【扫描并试图恢复坏扇区】复选框，由于要将损坏扇区的数据移动到磁盘上的可用空间处，因而花费的时间会比较长。

❹ 完成扫描后，单击【关闭】按钮即可。

11.2　注册表的管理和维护

注册表是 Windows 的核心部件，它是一个巨大的树状分层的数据库，包含了 Windows 的内部数据。包含的信息有：应用程序和计算机系统的全部配置信息，系统和应用程序的初始化信息，应用程序和文档文件的关联关系，硬件设备的说明、状态和属性，以及各种状态信息和数据等。注册表中的各种参数直接控制着 Windows 的启动、硬件驱动程序的装载以及一些应用程序的运行，从而在整个 Windows 系统中起着核心作用。

按照内容层次可以把注册表中的信息分成 3 类：

- 软、硬件的有关配置和状态信息，注册表中保存有应用程序和资源管理器外壳的初始条件、首选项和卸载数据。
- 联网计算机的整个系统的设置和各种许可、文件扩展名与应用程序的关联关系，硬件部件的描述、状态和属性。
- 性能记录和其他底层的系统状态信息，以及其他一些数据。

如果注册表受到了破坏，轻则使 Windows 在启动的过程出现异常，重则可能会导致整个系统完全瘫痪。因此注册表就像计算机的"中枢神经"。掌握注册表的使用和维护对于每个 Windows 用户来说都至关重要。

11.2.1　注册表的结构

由于注册表是一个二进制的树型结构的数据库文件，因而用户无法直接存取注册表，但可以通过 Windows XP 提供的注册表编辑器来编辑注册表。按 Windows 徽标键+R 打开【运行】对话框，输入"Regedit"并按 Enter 键，即可打开注册表编辑器，如图 11-9 所示。

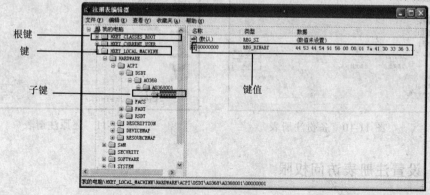

图 11-9　注册表的结构

注册表的结构和用户使用的磁盘文件系统的目录结构非常类似，所有的数据都是通过一种树状结构以键和子键的方式组织起来。每个键都包含了一组特定的信息，每个键的键名都是与它所包含的信息相关联的。如果某个键包含了子键，则在注册表编辑器窗口中代表该键的文件夹左侧将有一个 ▷ 符号，以表示在这个文件夹中还有更多的内容。如果这个文件夹被用户打开了 ▷ 符号就变成 ◢。用户可以像打开文件夹一样层层地打开注册表树，当然用户有时并不清楚要找的键位于哪个目录分支下面，此时就得搜索相应的关键字。

- 根键：在注册表结构中，根键是包含键、子键和键值的主要节点。
- 键：根键下的主要分支，可以包含子键和键值。例如 SOFTWARE 是 HKEY_LOCAL_MACHKINE 的子键。
- 子键：键中的键，在注册表结构中，子键附属于根键和键。
- 键值：出现在注册表编辑器右侧窗格中的数据字符串，定义了当前所选项的值。键值包含 3 个部分，键名、类型和数据。键值用来保存影响系统的实际数据。

11.2.2　备份和还原注册表

为了防止注册表出错而引发意外，建议用户定期地备份注册表，以便在发生意外时将最新备份的注册表还原，以将损失减少到最小。

要备份注册表，可在注册表编辑器主界面选择【文件】|【导出】命令，打开【导出注册表文件】对话框，如图 11-10 所示。在【文件名】文本框中输入文件名，将【导出范围】设置为【全部】，然后选择文件的存储路径，最后单击【确定】按钮即可。

要还原注册表，可在注册表编辑器主界面选择【文件】|【导入】命令，打开【导入注册表文件】对话框，如图 11-11 所示。导航并选择备份的注册表文件，单击【确定】按钮即可。

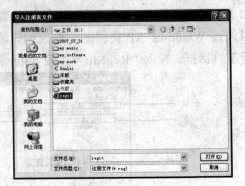

图 11-10　备份注册表　　　　　　　图 11-11　还原注册表

11.2.3　设置注册表访问权限

Windows XP 是多用户操作系统，为了维护注册表的安全，建议用户对注册表设置针对不同用户账户的访问权限。例如，以计算机管理员身份登录的用户账户可以修改注册表，而普通账户或来宾账户则不可以访问注册表。

例 11-4　设置注册表的访问权限。

❶ 打开注册表编辑器，选择要设置访问权限的注册表键 HKEY_USERS。选择【编辑】|【权限】命令，打开【HKEY_USERS 的权限】对话框，如图 11-12 所示。

❷ 在【组或用户名称】列表框中选择要设置访问权限的组或用户名称，然后在下方的【权限】列表框中对权限进行设置。

❸ 如果列表框中没有要设置访问权限的用户或组的名称，可以单击【添加】按钮，打开【选择用户或组】对话框，如图 11-13 所示。在下方的文本框中输入用户或组的名称，然后单击【检查名称】按钮对该账户或组进行检测，验证其是否存在。用户也可以单击【高级】按钮，在打开的对话框中单击【立即查找】按钮，列出系统中所有的用户账户和组，并进行选择，如图 11-14 所示。

图 11-12　【权限】对话框　　　　图 11-13　【选择用户或组】对话框

❹ 添加好要设置的用户账户或组后，即可在【权限】对话框中对该账户进行设置了。如果要对该组或用户账户设置特别权限或进行高级设置，可单击【权限】对话框的【高级】按钮，打开【高级安全设置】对话框，如图 11-15 所示。

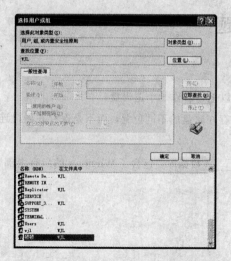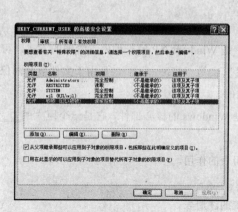

图 11-14　查看系统中所有的账户和组　　　图 11-15　【高级安全设置】对话框

❺　选择要设置的用户账户或组，单击【编辑】按钮，可打开【权限项目】对话框。【权限】列表中显示了该账户或组允许或拒绝访问的权限项目，如图 11-16 所示。用户设置完成后，单击【确定】按钮即可在【高级安全设置】对话框中看到所作的修改。

图 11-16　【权限项目】对话框

❻　单击【应用】按钮，然后重新启动计算机设置即可生效。

本 章 小 结

磁盘是存储数据的主要介质，本章重点介绍了磁盘的管理和维护方法，然后对注册表的管理维护进行了介绍。下一章向读者介绍系统和数据安全方面的知识。

习　题

填空题

1. _____是 Windows XP 的一种磁盘管理的方式，可以把它看作一个逻辑盘。

2. 磁盘碎片其实是一些_____，是由于文件被分割保存在磁盘的不同位置，而不是保存在磁盘连续的簇中形成的。

3. 注册表是 Windows 的核心部件，它是一个巨大的_____数据库，包含了 Windows 的所有内部数据。

简答题

4. 简述注册表的作用。

上机操作题

5. 备份系统的注册表。

6. 设置注册表的访问权限，仅允许管理员组访问注册表。

第 12 章

系统安全与数据保护

本章主要介绍 Windows XP 下保障系统安全的工具和方法，以及系统性能检测、优化和维护方面的知识。通过本章的学习，应该完成以下**学习目标**：

- ☑ 了解 Windows 安全中心
- ☑ 学会配置防火墙、自动更新和 Internet 安全设置
- ☑ 学会对文件夹加密和解密
- ☑ 学会备份和还原用户数据
- ☑ 掌握对系统还原的方法

12.1 Windows 安全中心

Windows 安全中心可以自动为用户提供当前系统的安全配置情况，这一方面可以增强系统的安全性，另一方面也可以减少用户的手动干预。

12.1.1 打开 Windows 安全中心

打开【开始】菜单，单击【所有程序】命令，在展开菜单中选择【附件】|【系统工具】|【安全中心】命令，即可进入 Windows 安全中心，如图 12-1 所示。

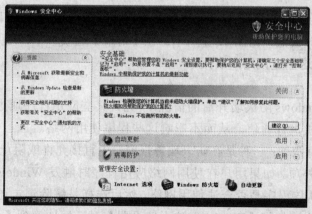

图 12-1　Windows 安全中心

由图 12-1 可以看出，Windows 安全中心可以监控防火墙、自动更新、病毒防护、Internet 安全设置这 4 个方面的安全配置内容。有了安全中心，用户就无需手动查看各个安全工具的状态和配置情况。只要有一项处于未启用状态，Windows XP 将在任务栏通知区域给出

安全警示。如果处于不安全状态，任务栏的安全警报就会变成醒目的红色，以提醒用户查看或修改。

📖 为什么我的 Windows 安全中心不可用？

✎ 如果 Windows XP 的安全中心服务被关闭，Windows 安全中心将不可用。要启动 Windows XP 的安全中心服务。用户可在桌面上右击【我的电脑】图标，从弹出的快捷菜单中选择【管理】命令，打开【计算机管理】窗口。

在左侧的控制树中单击【服务和应用程序】节点下的【服务】子节点，以展开 Windows XP 下的服务列表，如图 12-2 左图所示。在服务列表中双击【Security Center】服务，在打开的对话框中启用该服务，Windows 安全中心即可用，如图 12-2 右图所示。

图 12-2　启用 Windows 安全中心服务

12.1.2　Windows 防火墙

Windows 防火墙是保护计算机免受来自网络攻击和危害的安全程序，Windows XP 默认开启了防火墙策略，这意味着对未经允许的传出或传入操作均会弹出安全警报，以提醒用户修改防火墙策略。

在 Windows 安全中心的【管理安全设置】下单击【Windows 防火墙】链接，可打开【Windows 防火墙】对话框，如图 12-3 所示。在【常规】选项卡下，用户可选择启用或关闭 Windows 防火墙，这里建议用户启用。

1. 设置例外

例外指的是在 Windows 防火墙开启的情况下，允许某些应用程序通过防火墙与 Internet 或网络上的其他计算机进行通信，从而不影响这些程序使用网络。

设置例外的方法有两种：一种是在防火墙警报窗口中直接允许或阻止；另一种是手动从程序列表中添加到例外项。如果用户在使用网络应用程序时触发 Windows 安全警报，请仔细查看警报内容，确认该程序是否合法使用网络，然后选择是解除锁定还是继续保持阻止。

手动设置例外的方法是将【Windows 防火墙设置】对话框切换到【例外】选项卡，在【程序或端口】列表中选中要启用例外的程序前面的复选框，单击【确定】按钮即可，如图 12-4 所示。

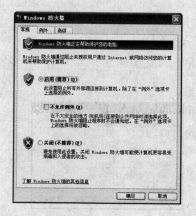

图 12-3　启用或关闭 Windows 防火墙　　　图 12-4　添加防火墙例外程序

2. 手动添加程序和端口

如果用户要设置的例外程序不在【程序或端口】列表中，或者需要单独打开某个端口进行特殊应用，则可以通过手动添加程序或端口的方式来实现。例如一些 P2P 下载程序，它们需要通过防火墙，但使用特定的端口来通信，为了加快速度，还需要单独使用端口。下面以迅雷为例。

首先需要将迅雷加入到防火墙例外，在【Windows 防火墙设置】对话框的【例外】选项卡下，单击【添加程序】按钮，打开【添加程序】对话框。如果迅雷不在列表中，请单击【浏览】按钮，在其安装目录找到迅雷的程序文件，并加入到列表中，如图 12-5 所示。返回【Windows 防火墙设置】对话框后，选中迅雷前面的复选框，单击【确定】按钮，即可将迅雷设置为 Windows 防火墙例外程序。

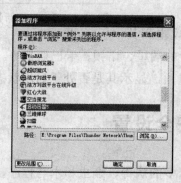

图 12-5　添加程序到列表中

迅雷支持 BT 下载和 eMule(电炉)下载，它们都使用特殊的端口。启动迅雷，在迅雷主界面选择【工具】|【配置】命令，打开【配置】对话框。在左侧单击【BT/端口设置】选项，查看 BT 的端口设置，包括 TCP 端口和 UDP 端口，如图 12-6 所示。然后在【Windows 防火墙设置】对话框的【例外】选项卡下，单击【添加端口】按钮，选择协议并输入对应的端口号即可，如图 12-7 所示。用同样的方法设置 eMule 下载的端口号。

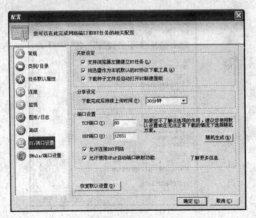

图 12-6　查看迅雷的 BT 下载端口号　　图 12-7　添加端口号

12.1.3　Windows 自动更新

　　Microsoft 会不定时地对 Windows 系统提供补丁程序，以修补系统漏洞。建议用户启用 Windows XP 的自动更新功能，以便把系统更新到最新状态，抵御最新的安全攻击。

　　要开始 Windows 自动更新，可在 Windows 安全中心的【管理安全设置】下单击【自动更新】链接，打开【自动更新】对话框，如图 12-8 所示。Windows 自动更新默认每天都会对系统进行自动更新，用户可以对自动更新的时间进行更改。也可以选择其他更新方式或者关闭自动更新。

12.1.4　病毒防护

图 12-8　【自动更新】对话框

　　防病毒软件有助于保护用户的计算机免受病毒攻击和其他安全威胁，建议用户在计算机上安装，如当前流行的瑞星、诺顿、卡巴斯基等。安装了防病毒软件后，Windows 安全中心将显示病毒防护选项，显示其是否处于启用状态。

12.2　Internet 安全设置

　　安全是目前 Internet 所面临的重大挑战，名目繁多的病毒、蠕虫和木马程序，还有大量窃取私人信息的钓鱼网站和恶意网站，使人防不胜防，极大损害了用户的利益。IE 8 提供了一系列的安全防护策略，以保障用户的上网安全。

12.2.1　拦截弹出窗口

　　现在很多网站为了做广告，往往会在用户浏览网页时弹出大量的广告窗口，这不仅严重影响了用户的正常浏览，而且这些窗口还很有可能包含恶意代码。IE 8 可以很好地拦截大部分弹出窗口，当 IE 8 拦截了来自一个网站的弹出窗口后，浏览器会发出声音，同时选项卡栏的下方会显示一个黄色的信息栏，另外在状态栏还会有一个代表阻止了弹出窗口的图标，如图 12-9 所示。

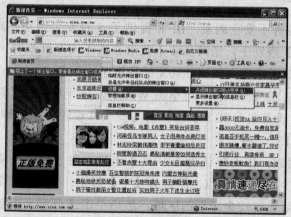

图 12-9　IE 8 拦截了弹出窗口

单击选项卡栏下方的信息栏，将弹出一个菜单：

- 如果希望总是允许来自该站点的弹出窗口，可单击【总是允许来自此站点的弹出窗口】命令；
- 如果不知道弹出窗口的内容是否需要，而希望先查看网页内容，可单击【临时允许弹出窗口】命令。用户日后再次来到该网站的时候，IE 8 还会拦截该窗口并再次询问。
- 如果希望关闭 IE 8 的弹出窗口拦截功能，可单击【设置】|【关闭弹出窗口阻止程序】命令。
- 如果希望 IE 8 拦截弹出窗口，但不再显示信息栏，可取消【设置】|【显示弹出窗口的信息栏】的命令的打开状态。
- 如果希望 IE 总是允许某些网站的弹出窗口，可单击【设置】|【更多设置】命令，打开【弹出窗口阻止程序设置】对话框。在【要允许的网站地址】文本框中输入目标网站的地址，然后单击【添加】按钮，即可将该网站地址添加到下方的【允许的站点】列表框中，如图 12-10 所示。在列表框中选中某个地址，单击【删除】按钮，IE 8 将不再允许该网站的弹出窗口。
- IE 8 的弹出窗口拦截程序提供了 3 个级别的筛选，以实现对不同程序的拦截，如图 12-11 所示。默认的筛选级别为【中：阻止大多数自动弹出窗口】。

图 12-10　【弹出窗口阻止程序设置】对话框　　　图 12-11　设置弹出窗口的筛选级别

12.2.2　定义安全级别

针对 Internet 中的各种不安全因素，IE 8 提供了 5 种安全级别：高、中-高、中、中-低、低。例如在【中-高】级别下，当网页要下载潜在的不安全因素时，系统会给出提示让用户来选择是否下载，对于未签名的 AcitveX 控件则禁止下载。

如果用户要更改 IE 8 的安全级别，可单击 Windows 安全中心的【管理安全设置】下的【Internet 选项】链接，或者双击 IE 8 状态栏的【安全性设置】标识 ⊕ Internet，均可打开安全设置对话框，如图 12-12 所示。

对于 Internet 中的网站，IE 8 默认为【中-高】级别；对于本地局域网中的网站，默认为【中-低】级别；对于可信任的站点，默认为【中】级别；对于受限站点，默认为【高】级别。用户可首先选择要设置安全级别的区域，然后单击【自定义级别】按钮，打开【安全设置】对话框，在【设置】列表框中对安全选项进行设置，如图 12-13 所示。

图 12-12　Internet 的安全选项　　　　图 12-13　自定义安全参数

如果要添加可信站点或受限站点，用户可首先在列表框中选中【可信站点】或【受限站点】图标，然后单击【站点】按钮，将站点的网址添加到站点列表中即可，如图 12-14 所示。

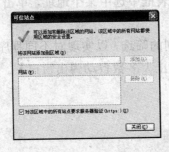

图 12-14　添加可信或受限站点

如果用户不小心更改了 IE 8 中的某些安全设置，或下载的某个程序更改了关键的 IE 设置，则可能给用户上网或系统带来安全隐患。此时，可单击图 12-12 中的【将所有区域重置为默认级别】按钮来使用 IE 8 的默认设置。

12.2.3　处理 IE 加载项

加载项是指为了实现某些特殊的功能而给 IE 中安装的类似插件的程序,因为加载项可以在本地运行,并跳过一些针对浏览器的安全限制,对本地硬盘上的文件和系统设置进行修改。因此,一旦系统中被安装了有恶意的加载项(又称流氓软件),那么不仅浏览器,整个 Windows 系统的稳定性都将受到影响。

目前 Internet 上的各种恶意加载项越来越多,它们通常以 ActiveX 的形式包含在网页中,或捆绑在用户从网上下载的软件中,利用用户的疏忽,悄悄安装到系统中并很难卸载。建议用户定期检查 IE 中都有哪些加载项,并禁用某些可能导致 IE 或系统不稳定加载项的安装和使用。

如果要查看 IE 中的加载项,可打开 IE 浏览器,选择【工具】|【管理加载项】|【启用或禁用加载项】命令,打开【管理加载项】对话框,如图 12-15 所示。

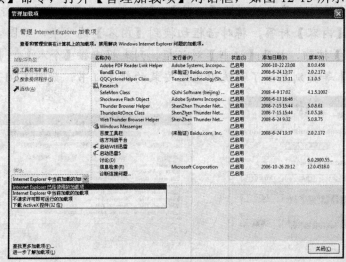

图 12-15　查看 IE 加载项

通过【加载项类型】下的选项,用户可浏览不同类型下的 IE 加载项。在【筛选】下拉列表中,可以对 IE 加载项进行筛选。

- Internet Explorer 已经使用的加载项:显示所有被 IE 8 使用过的加载项;
- Internet Explorer 中当前加载的加载项:显示当前正在被 IE 8 使用的加载项;
- 不请求许可即可运行的加载项:显示预先经过批准,可以直接使用的加载项;
- 下载 Active 控件:显示从网上下载并安装的加载项。

在加载项列表中选中某个加载项,可在对话框底部的状态栏查看该加载项的添加日期、是否可用、类型等。单击右下角的【禁用】或【删除】按钮,可以禁用或删除当前选中的加载项。

12.2.4　使用数字证书

随着网上电子商务的发展,Internet 上出现了一些仿冒网站。它们利用一些相似的域名和页面设计,将网站伪装成其他网站,诱骗访客在该网站上输入个人信息。

除了仿冒网站,Internet 上还有一种更为恶劣的窃取隐私的方法,就是使用无效或者不安全的安全证书来窃取数据。有些网站，特别是网上银行，由于会涉及到个人财务信息，银行都会在用户开通网上银行服务时，要求用户安装银行提供的安全证书或数字签名，用于加密浏览器和服务器之间的通信。

对于普通的加密网站，当用户和网站进行信息交互时，IE 8 会检查网站加密用的证书是否和网站的域名一致。如果一致，就可以直接访问网站的内容。否则将提醒用户注意，建议用户此时首先确认该问题是否是恶意的还是不小心造成的，如果确实是伪装的加密网站，建议立即离开该页面。

而对于网银的安全证书(数字签名)，其工作原理比较复杂。简单地讲，就是结合证书主体的私钥，在通信时将证书出示给对方，证明自己的身份。证书本身是公开的，谁都可以拿到，但私钥(不是密码)只有持证人自己掌握，永远也不会在网络上传播。

例 12-1 导入数字证书。

❶ 启动 IE 浏览器，在菜单栏选择【工具】|【Internet 选项】命令，打开【Internet 选项】对话框。单击【内容】标签，将对话框切换到【内容】选项卡，如图 12-16 所示。

❷ 单击【证书】按钮，打开【证书】对话框，列表框中按【个人】、【中级证书颁发机构】、【其他人】等类别显示了系统中已经安装的数字证书，如图 12-17 所示。

图 12-16 【内容】选项卡

图 12-17 【证书】对话框

❸ 选择好数字证书要安装到的类别，单击【导入】按钮，打开证书导入向导，如图 12-18 所示。

❹ 单击【下一步】按钮，在打开的对话框中选择要导入的数字证书文件，如图 12-19 所示。

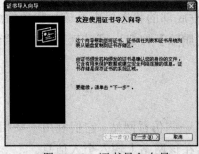
图 12-18 证书导入向导

图 12-19 选择导入的数字证书文件

❺ 单击【下一步】按钮，可能会被要求输入证书密码(通常会有，用户可从证书颁发机构获取)。单击【下一步】按钮，选择证书的存放位置，如图 12-20 所示。

❻ 单击【下一步】按钮，单击【完成】按钮，如图 12-21 所示。证书导入成功后，向导会提示安装成功。

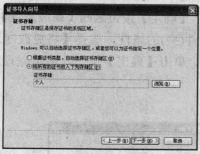

图 12-20 选择证书存储位置

图 12-21 完成证书导入

对于比较重要的数字证书，例如银行颁发给用户的安全证书，建议用户对证书进行备份。这样当系统或 IE 出现崩溃时，便可以将证书导入到 IE 中，而不必重新到银行去开通服务。选中要备份的证书后，可单击图 12-17 中的【导出】按钮，用户即可启动证书备份向导，按照提示导出证书即可。具体过程和导入证书相似。在导出证书的过程中，用户还可以选择为证书设置密匙，这样即使证书被他人获取，没有密匙也是无法使用的。

12.2.5 删除用户访问记录

如果一台计算机是被多人共用的，则建议用户将每次上网后浏览器所保存的访问记录等信息删除，尤其是在访问诸如银行等在线交易网站后。这些私人信息包括浏览记录、搜索记录、Cookie、浏览器缓存，以及保存的表单和密码等。在 IE 的菜单栏选择【工具】|【删除浏览的历史记录】命令，打开图 12-22 所示的【删除浏览的历史记录】对话框。

图 12-22 中对 IE 可以删除的所有历史记录进行了分类，选中要删除记录对应的复选框，单击【删除】按钮，即可删除选中类别的记录。

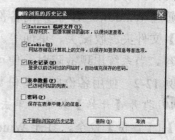

图 12-22 【删除浏览的历史记录】对话框

12.3 保护用户数据

在 Windows XP 下，您既可以对关键文件或文件夹进行加密，以防止其他用户访问或修改它。也可以对它们进行备份，一旦系统发生故障或灾难，便可以通过先前备份的数据，对数据进行恢复。

12.3.1 加密和解密文件(夹)

要使用文件(夹)加密功能，文件或文件夹所在的磁盘必须采用的是 NTFS 文件系统。

文件(夹)被加密后，除加密者外的其他账户或局域网内的其他计算机均无法打开，除非加密者对文件(夹)解密。

找到并右击要加密的文件(夹)，从弹出菜单中单击【属性】命令，打开文件(夹)的【属性】对话框。单击【高级】按钮，打开【高级属性】对话框，如图 12-23 左图所示。

选中【加密内容以便保护数据】复选框，单击【确定】按钮返回【高级属性】对话框。单击【确定】按钮，系统会提示是否确认更改文件(夹)的属性，选择【将更改应用于此文件夹、子文件夹和文件】，如图 12-23 右图所示。单击【确定】按钮，应用完设置后。可以发现，加密后的文件(夹)呈绿色显示。

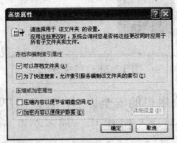 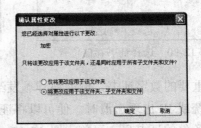

图 12-23　对文件或文件夹加密

要解密文件(夹)，可使用加密账户登录系统，重新打开文件(夹)的【高级属性】对话框，禁用【加密内容以便保护数据】复选框并应用设置即可。

12.3.2　备份和还原用户数据

通过 Windows XP 提供的备份向导，用户可以轻松地对个人数据进行备份，如【我的文档】文件夹、收藏夹、桌面等。也可以选择备份计算机上的所有信息或者自定义要备份的内容。当系统出现故障时，便可以通过备份恢复自己的数据。

例 12-2　使用备份向导备份数据。

❶ 打开【开始】菜单，单击【所有程序】命令，在展开菜单中选择【附件】|【系统工具】|【备份】命令，打开 Windows XP 的备份向导，如图 12-24 所示。

提示：如果禁用【总是以向导模式启动】复选框，下次备份时将不再使用向导模式。

❷ 单击【下一步】按钮，选择要进行的操作，是备份还是还原，这里选中【备份文件和设置】单选按钮，如图 12-25 所示。

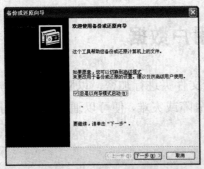 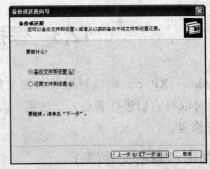

图 12-24　启动备份或还原向导　　　　图 12-25　选择是进行备份还是还原

❸ 单击【下一步】按钮，选择要备份的内容，这里选中【我的文档和设置】单选按钮，如图 12-26 所示。

❹ 单击【下一步】按钮，选择备份的保存位置和名称，如图 12-27 所示。

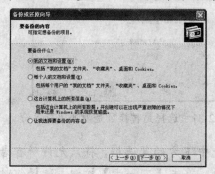
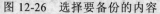

图 12-26　选择要备份的内容　　　　　图 12-27　设置备份的存储位置和名称

❺ 单击【下一步】按钮，查看备份的信息，如图 12-28 所示。单击【高级】按钮，可在打开对话框中设置备份的类型，如图 12-29 所示。

提示： 在图 12-34 中，用户可以直接单击【完成】按钮，向导将按照设置进行备份。

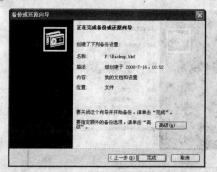

图 12-28　查看备份信息　　　　　　　图 12-29　选择备份类型

- 正常：复制所有选中文件，并且备份后标记每个文件。第一次创建备份时，通常使用正常备份。
- 增量：增量备份只备份上一次正常或增量备份后，创建或改变的文件。备份后对文件进行标记。
- 副本：复制所有选中的文件，但不将这些文件标记为已经备份。如果用户想在正常备份和增量备份之间备份文件，复制备份是十分有用的，因为它不影响用户的其他备份操作。
- 每日：复制执行每日备份中当天修改的所有选中的文件，备份后不对文件做标记。
- 差异：从上次正常或增量备份后，创建或修改的差异备份副本文件。备份后不标记为已备份文件。

❻ 由于是第一次备份，这里选择【正常】备份方式，单击【下一步】按钮，选择如何进行备份，如图 12-30 所示。

❼ 这里选中【备份后验证数据】复选框，单击【下一步】按钮。选择是附加到现有备份还是替换现有备份，如图 12-31 所示。

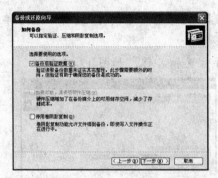

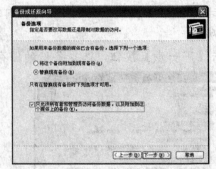

图 12-30　选择如何进行备份　　　　图 12-31　选择是替换还是附加现有备份

⑧ 这里选中【替换现有备份】单选按钮，选中下方的复选框，将只允许所有者和管理员访问该备份数据，以及附加到该媒体上的备份。单击【下一步】按钮，选择何时进行备份，如图 12-32 所示。

⑨ 这里选择【现在】单选按钮。单击【下一步】按钮，查看备份信息，确定无误后，单击【完成】按钮，向导即按照设置进行备份，如图 12-33 所示。

⑩ 备份完成后，用户可查看备份报告。

图 12-32　选择何时备份　　　　　　图 12-33　完成备份

要从备份中还原文件，可双击备份文件，打开备份或还原向导，按照向导提示进行操作，从备份中指定要恢复的文件即可。

本 章 小 结

本章介绍了 Windows 防火墙、Windows 自动更新，以及 IE 安全防护等知识，以帮助用户更好地保护系统和网络安全，抵御各种系统和上网风险。章末向用户介绍了数据的备份和还原方法。下一章我们向读者介绍系统性能的检测、优化和维护方法，以及如何对系统设备进行管理。

习 题

填空题

1. Windows XP 的_____可以自动为用户提供当前系统的安全配置情况，这一方面可以增强系统的安全性，另一方面也可以减少用户的手动干预。

2. _____指的是在 Windows 防火墙开启的情况下，允许某些应用程序通过防火墙与 Internet 或网络上的其他计算机进行通信，从而不影响这些程序使用网络。

3. 使用_____，可以把系统更新到最新状态，抵御最新的安全攻击。

4. _____是指为了实现某些特殊的功能而给 IE 中安装的类似插件的程序。

简答题

5. IE 8 是如何保护用户的个人隐私的？

6. 当用户或某些流氓软件不小心修改了 IE 的设置，如何进行快速恢复？

上机操作题

7. 使用 Windows 自动更新将系统更新到最新状态。

8. 对本地硬盘上用户的关键文件进行加密。

第 13 章

系统检测、维护与性能优化

本章主要介绍 Windows XP 的系统管理和维护知识，以便用户更好地了解系统的使用状况，并处理好常见的系统故障。通过本章的学习，应该完成以下**学习目标**：

- ☑ 学会查看和检测计算机的使用状态
- ☑ 学会使用可靠性监视器和事件查看器检测引起系统故障的原因
- ☑ 学会管理系统中的设备
- ☑ 学会优化内存
- ☑ 学会管理电源

13.1　检测系统性能

Windows XP 提供了任务管理器和性能计数器这两个工具，以帮助用户了解当前系统的使用和性能状况。

13.1.1　任务管理器

任务管理器可以显示计算机当前正在进行的任务、服务和网络情况，可以监视计算机的内存及 CPU 使用情况，并结束不需要的任务。在任务栏空白处右击，从快捷菜单中单击【任务管理器】命令，可打开任务管理器，如图 13-1 所示。

【应用程序】选项卡中显示了当前运行程序的状态。用户有时在进行多任务处理时，可能会由于 CPU 资源耗尽而导致某些应用程序停止响应，可在该选项卡中将停止响应的应用程序结束，选中后单击【结束任务】按钮即可。

【进程】选项卡中显示了当前的系统进程及其状态，包括其 CPU 占有率，占有的内存容量，映像名称等。如果系统进程没有显示出来，用户可选中【显示所有用户的进程】复选框。选中某个进程后单击【结束进程】按钮，可强制结束进程，如图 13-2 所示。另外，在【应用程序】选项卡中右击某个应用程序，从快捷菜单中单击【转到进程】命令，可切换到【进程】选项卡，并定位到所对应的进程上。

【性能】选项卡显示了当前系统的 CPU、内存和页面文件的占用情况，如图 13-3 所示。如果【CPU 使用记录】有两个或多个图形，则表明此计算机具有两个或多个 CPU。如果【CPU 使用】的百分比比较高，则说明进程要求大量的 CPU 资源，这会使计算机的运行速度减慢；如果百分比达到 100%，则表明有些应用程序可能失去响应。中间的两个图表示当前系统所使用的物理内存容量。【物理内存】部分的【总数】显示系统物理内存的总量，【系统缓存】是指系统所加载的内容，【可用数】表示新释放的可用物理内存容量。【核心内存】部分的【总数】显示 Windows 内核正在使用的虚拟内存总量，【分页数】指的是内存位于页面文件的容量；【未分页】表示内核位于物理内存的容量。

图 13-1　【应用程序】选项卡

图 13-2　【进程】选项卡

【联网】选项卡显示了当前的网络状态与占用情况。【用户】选项卡则显示了当前已经登录的用户状态，可断开或注销选中的用户，如图 13-4 所示。

图 13-3　【性能】选项卡

图 13-4　【用户】选项卡

13.1.2　性能监视器

性能监视器可以帮助用户更好地了解当前系统各个方面的性能表现，同时帮助用户判断系统性能的瓶颈所在。按 Windows 徽标键+R 快捷键，打开【运行】对话框。输入 perfmon.msc 并按 Enter 键，即可打开性能监视器。性能监视器默认只添加【%Processor Time】、【Pages/sec】、【Avg. Disk Queue Length】这 3 个计数器，分别用于显示 CPU、内存和磁盘的性能状况，如图 13-5 所示。

用户可以根据需要添加别的计数器，例如 Available Mbytes，用于统计可用内存数量。具体方法如下：单击右侧窗格工具栏中的【添加】按钮 +，打开【添加计数器】对话框。首先在【性能对象】下拉列表框中选择所需的计数器类别，然后在下面的列表框中选择对象的实例，单击【添加】按钮将其添加到右侧的列表中，如图 13-6 所示。如果用户要了解某个计数器的功能，可选中对话框左下角的【说明】按钮，系统将列出该计数器的详细功能描述。

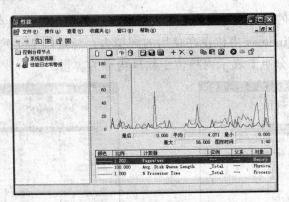

图 13-5　性能监视器

添加好所需的计数器后，就可以借助这些计数器对系统性能的情况进行实时监控了，如图 13-7 所示。如果要清除某个计数器的显示，只需单击监控图形上方的【清除显示】按钮即可。

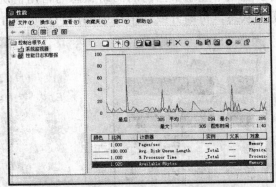

图 13-6　添加计数器　　　　　　图 13-7　使用计数器了解更多的系统性能状况

当用户添加了较多的计数器后，为了方便查看不同计数器的统计信息，可更改其显示颜色和方式。右击计数器，从快捷菜单中单击【属性】命令，在打开对话框的【颜色】下拉列表中选择要使用的颜色，在【宽度】列表框中选择线条的粗细，在【样式】列表框中选择线条的样式，如图 13-8 所示。

切换到【图表】选项卡，可以设置统计信息的标题、垂直轴，以及是否显示垂直格线、水平格线等，如图 13-9 所示。

图 13-8　调整线条颜色等　　　　　　图 13-9　调整查看方式

13.2　查看系统事件

事件是指在使用应用程序时需要通知用户的重要事件，也包括系统与安全方面的严重事件。每当用户启动 Windows XP 时，系统会自动记录事件，包括各种软硬错误和 Windows XP 的安全性。用户可通过事件日志或事件查看器工具来查看事件，并可以使用各种文件格式保存日志事件。

13.2.1　认识事件查看器

事件查看器是 Windows XP 在管理工具组中提供的一种工具，它不但可以把各种应用程序错误、损坏的文件、丢失的数据以及其他问题作为事件记录下来，而且还可以把系统和网络的问题作为事件记录下来。用户通过查看在事件查看器中显示的系统信息，可以更快地诊断和纠正可能发生的错误和问题。在 Windows XP 事件查看器中，用户可以查看到 3 种类型的日志。

- 系统日志：该日志中包含各种系统组件记录的事件，例如使用驱动器失败或加载其他系统组件。
- 安全日志：该日志包含有效与无效的登录尝试及与资源使用相关的事件，例如删除文件或修改设置。安全日志主要是记录与安全性相关的事件，它可以帮助用户跟踪在安全系统中所做的更改，并且可以识别可能会对系统安全造成破坏的事件。例如，非法用户企图以超级用户或系统管理员的身份修改系统安全设置时，将会被记录在安全日志中。本地计算机上的安全日志不会被其他用户查看到，只有本机用户才能查看。
- 应用程序日志：该日志包括由应用程序记录的事件，应用程序的开发者可以决定监视哪些事件。例如在 Access 应用程序中修改数据结构造成数据破坏时，将被应用程序日志记录下来。

在事件查看器中，事件日志由事件头、事件说明以及可选的附加数据组成，而大多数安全日志项由事件头和事件说明组成。事件查看器为每个日志分别显示事件，每行显示与一个事件相关的信息，包括类型、日期、时间、来源、分类、事件、用户和计算机，具体含义如下。

- 日期：指事件发生的日期。
- 类型：指事件严重性的分类，包括系统和应用程序日志中的错误、信息和警告，以及安全日志中的成功审核和失败审核。
- 时间：指事件发生的时间。
- 来源：指记录事件的软件，可以是应用程序名，也可以是各种组件。
- 分类：主要用于安全日志中，该分类是根据事件源进行的。
- 事件：用于标识特定事件的数字(ID)，例如 1000 是安装 Microsoft Office 2000 Premium 时发生的事件的数字标识。事件的数字标识以及来源可以帮助产品支持人员清除系统故障。

- 用户：指某个用户的姓名，事件是由该用户引发的。
- 计算机：指发生事件所在计算机的名称，有时计算机名就是用户自身，除非用户在另一台计算机上查看事件日志。

在事件查看器中，事件的类型主要有 5 种，下面分别介绍它们的含义。

- 错误类型：指诸如丢失数据和丢失功能等严重问题，例如无法将某文件注册到类型库中则可能记录错误事件。
- 警告类型：指该类型的事件不太严重，但将来可能发生错误，例如格式化硬盘时可能记录警告事件。
- 信息类型：指不经常发生的事件，该类型的事件主要描述各种服务的成功操作，例如成功地启动事件日志服务。
- 成功审核：指成功审核安全性访问尝试，例如用户成功登录系统的尝试可能被记录为成功审核事件。
- 失败审核：指失败审核安全性访问尝试，例如访问网络上其他计算机失败可能被记录为失败审核事件。

13.2.2 查看日志

通过事件查看器，用户可以查看日志的内容。如果用户是第一次打开事件查看器，它显示的日志是上一次查看的日志，在控制台目录树中单击其他日志，就可查看其他日志中的事件。

1. 查看本机日志

要想查看本机日志，启动事件查看器即可进行查看。打开【开始】菜单，单击【控制电脑】命令，打开【控制面板】窗口。依次单击【性能和维护】|【管理工具】|【事件查看器】图标，打开事件查看器，如图 13-10 所示。

图 13-10　事件查看器

通过事件查看器可查看应用程序日志、安全日志和系统日志。单击左侧控制台目录树中的日志节点，详细资料窗格中就会列出相应日志的全部事件。例如，单击控制台目录树中的【应用程序】节点，详细资料窗格会列出【应用程序】日志中的内容，如图 13-11 所示。

2. 查看日志的详细资料

如果用户想查看某事件的详细内容，可先打开事件查看器，然后单击控制台目录树中的日志节点，使详细资料窗格中列出相应日志的全部事件，并在列表框中双击要查看详细资料的事件，打开图 13-12 所示的【事件属性】对话框，在该对话框中，可查看到事件的详细信息。单击【上一个】按钮，可查看该事件的上一个事件的详细信息，单击【下一个】按钮，可查看该事件的下一个事件的详细信息。

图 13-11　显示【应用程序】日志中的事件

图 13-12　【事件属性】对话框

3. 刷新日志

用户打开事件查看器查看日志时，日志会自动更新。另外，在不关闭事件查看器的情况下，当用户选择查看不同的日志，然后又回到原来查看的日志时，原来的日志也会被自动更新。

但是，用户在查看同一个日志及事件详细资料时所发生的事件并不能出现在日志中，直到再次变换日志，或者关闭事件查看器。

用户可以更新在事件查看器中显示的事件，以免发生新的事件而没有察觉到。要想查看到最新事件，选择【操作】菜单中的【刷新】命令即可。新事件会出现在事件查看器窗口的详细资料窗格中的顶部。

4. 查看其他计算机上的日志

在网络使用中，用户经常需要查看网络上其他计算机上的日志以帮助解决问题。要查看网络上的其他计算机上的日志，先打开事件查看器；选择【操作】菜单中的【连接到另一台计算机】命令，或者右击控制台目录树中的【事件查看器(本地)】根节点，从弹出的快捷菜单中选择【连接到另一台计算机】命令，打开【选择计算机】对话框，如图 13-13 所示；选择【另一台计算机】单选按钮，并在其后的文本框输入要查看日志的计算机的计算机名或者通过【浏览】按钮选择计算机，然后单击【确定】按钮即可打开该计算机上的日志文件。

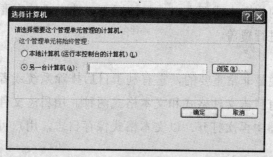

图 13-13　【选择计算机】对话框

13.2.3 管理日志

日志管理主要是为了查看方便，包括创建日志查看、设置日志常规属性、保存日志和删除日志等方面。通过下面的内容，用户可以很容易地掌握日志管理工作。

1. 创建日志查看

在日志管理中，用户往往需要创建日志查看，以方便查看和管理。创建的日志查看可以是经过筛选的日志查看，也可以是一个先前保存的文件。

打开事件查看器，在控制台目录树中，右击需要创建的日志节点，如【系统】节点，从弹出的快捷菜单中选择【新建日志查看】命令，如图 13-14 所示；或者直接选择【操作】|【新建日志查看】命令，直接创建一个日志文件。

2. 设置日志的常规属性

用户在使用计算机时，系统会自动开始记录事件，但是当日志被填满且不能覆盖本身时，会停止记录事件。事件日志不能覆盖本身的原因可能是用户已把日志登录设置为人工清除，或者是日志空间太小，不能存放第一个事件。

在事件查看器中，右击需要调整日志记录参数的日志，例如【系统】日志，从弹出的快捷菜单中选择【属性】命令，打开图 13-15 所示的属性对话框。在【常规】选项卡中，可修改日志名称、日志文件大小及事件日志覆盖方式。

图 13-14　新建日志查看

图 13-15　【常规】选项卡

在默认的条件下，日志文件最大为 512KB，如果用户认为日志空间太小，可利用【最大日志文件大小】微调框，将其值调大一些。

在默认的条件下，日志覆盖方式是改写长于 7 天的日志事件。如果用户认为 7 天太长或太短，可将其微调框的值调小或调大。一般情况下，选中【按需要改写事件】单选按钮可使日志事件根据需要进行覆盖。

3. 保存日志

保存日志对用户来说是非常重要的，它有利于日后排除系统或者应用程序的故障，用户保存的日志文件主要有日志文件格式和文本格式两种。用日志文件格式存档事件日志，可方便以后在事件查看器中再次打开。以文本格式保存日志，用户可在其他应用程序中使用存档的信息。

如果用户以日志文件格式保存日志时，不管在事件查看器中设置什么筛选选项，都将保存整个日志。但是如果以文本格式保存日志，则当事件查看器中改变排序顺序时，事件记录将以显示相同的方式保存。

4. 删除日志

随着计算机的不断使用，用户可能不再需要自己创建的一些日志，这时，可将不需要的日志删除，以免占用空间和影响查看其他日志。不过，用户不能删除系统默认的应用程序日志、安全日志和系统日志。

在事件查看器中选中要删除的日志节点，选择【操作】|【删除】命令，或者右击该节点，从弹出的快捷菜单中选择【删除】命令，即可将该日志删除。

13.3　管理系统设备

系统设备是指计算机中安装的硬件设备和它们的驱动程序，对系统设备的管理就是对这些硬件设备和驱动程序的管理。与系统服务一样，系统设备也是提供功能的操作系统模块，但系统设备是把硬件与其驱动程序紧密结合的通信模块或驱动程序。系统设备驱动程序是操作系统中软件组件的最低层，它对计算机的操作起着不可替代的作用。

13.3.1　查看系统设备

Windows XP 可以使用多种系统设备，包括 DVD/CD-ROM 驱动器、硬盘控制器、调制解调器、显示卡、网络适配卡、监视器、数码相机和扫描仪等，用户可以通过查看这些设备来了解它们的基本情况。

在桌面上右击【我的电脑】图标，从弹出的快捷菜单中选择【管理】命令，打开【计算机管理】窗口。在左侧树中展开【系统工具】节点，单击下方的【设备管理器】节点，窗口右侧将显示所有已经安装到系统中的硬件设备，如图 13-16 所示。

图 13-16　查看系统中安装的硬件设备

默认情况下，系统设备按照类型排序。如果用户想按其他方式排序，可在【查看】菜单中进行选择。

要查看某个设备的属性，如设备类型、制造商、设备状态等，可展开该设备所在的节点，然后右击设备，从弹出的快捷菜单中选择【属性】命令，在打开的属性对话框中进行查看，如图 13-17 所示。

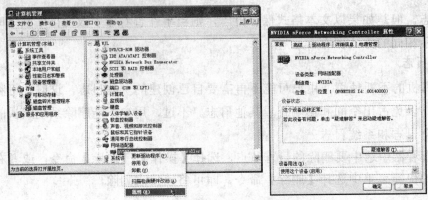

图 13-17　查看网卡设备的属性

13.3.2　禁用和启用设备

当系统中的某个设备暂时不使用时，可以将其禁用，这样有利于保护该设备，需要时再启用即可。

要禁用设备，需要首先找到该硬件设备，然后右击它，从弹出的快捷菜单中选择【停用】命令，系统会提示是否确实要禁用该设备，如图 13-18 左图所示。单击【是】按钮，即可禁用设备，被禁用的设备上会显示一个禁用图标，如图 13-18 右图所示。

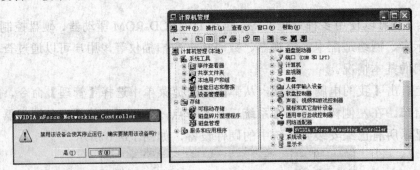

图 13-18　禁用系统设备

要重新启用该设备，只需在设备管理器中右击该设备，从弹出的快捷菜单中选择【启用】命令即可。

13.3.3　更新设备驱动程序

随着计算机硬件的更新换代，硬件设备的驱动程序也被一次又一次地升级。新的硬件驱动程序往往能够更好地支持硬件设备，提高硬件的整体性能。这样，计算机用户难免需要升级硬件的驱动程序。下面我们以显卡为例，介绍如何更新设备的驱动程序。

例 13-1　更新显卡的驱动程序。

❶ 在桌面上右击【我的电脑】图标，从弹出的快捷菜单中选择【管理】命令，打开【计算机管理】窗口。在左侧树中展开【系统工具】节点，单击下方的【设备管理器】节点。

❷ 在设备列表中选中更新驱动程序的设备，并在该设备上单击鼠标右键，从弹出的快捷菜单中选择【更新驱动程序】命令，如图 13-19 所示。

❸ 系统将打开如图 13-20 所示的【硬件更新向导】对话框，提示系统将帮助用户安装选定设备的软件。

图 13-19 选择【更新驱动程序】命令

图 13-20 硬件更新向导

❹ 在【您期望向导做什么】选项组中选中【从列表或指定位置安装(高级)】单选按钮，并单击【下一步】按钮，系统打开图 13-21 所示的【请选择您的搜索和安装选项】对话框。

提示：如果选择【自动安装软件】，向导将自动在计算机上搜索设备的驱动程序并进行安装，但这样通常需要较长时间。

❺ 单击【浏览】按钮，可从打开的【浏览文件夹】对话框中选定最新驱动程序所位于的文件夹。如果用户选中了【搜索可移动媒体】复选框，则系统将自动从软盘或 CD-ROM 中自动搜索所匹配的文件。

❻ 单击【下一步】按钮，系统将开始该驱动程序的安装。驱动程序安装完成后，

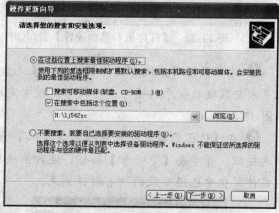

图 13-21 选择驱动文件的位置

系统提示用户重新启动计算机，重新启动计算机后，所更新的硬件即可正常使用。

13.3.4 安装即插即用设备

要安装即插即用设备，用户应了解一下 Windows 的即插即用技术。即插即用技术的关键特性之一就是事件的动态处理，可对安装的硬件进行自动的动态识别，包括初始的系统安装、系统启动期间对硬件更改的识别以及对运行时的硬件事件的反应。它允许以用户模式的代码执行注册并收集某些即插即用事件。

要安装即插即用设备，只需要进行设备的硬件安装，不需要安装该设备的驱动程序，系统会自动识别并加载驱动程序。

13.3.5 安装非即插即用设备

对于符合即插即用的设备，在添加或删除时，Windows XP 将会自动识别并完成配置工作。但是，对于非即插即用设备的安装，就需要用户自己去安装驱动程序。下面就以非即插即用的声卡为例，介绍非即插即用设备的安装方法。

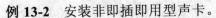

例 13-2 安装非即插即用型声卡。

❶ 在计算机上正确地连接声卡硬件。

❷ 打开【开始】菜单，在其中单击【控制面板】命令，打开【控制面板】窗口。

❸ 单击【打印机和其他硬件】图标，打开【打印机和其他硬件】窗口，如图 13-22 所示。

❹ 在左侧窗格单击【添加硬件】链接，打开添加硬件向导，如图 13-23 所示。向导提示用户如果有声卡硬件的安装 CD 盘，则建议通过安装 CD 盘来安装该硬件。

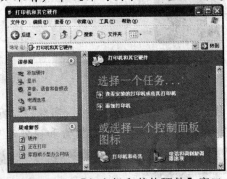

图 13-22　【打印机和其他硬件】窗口

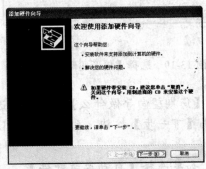

图 13-23　添加硬件向导

❺ 这里假设用户没有硬件驱动的安装光盘。单击【下一步】按钮，向导将自动对计算机中未安装驱动程序的硬件进行搜索。搜索完成后将打开【硬件连接好了吗？】对话框，如图 13-24 所示。

❻ 在【你已经将此硬件连接到计算机了吗？】下面选中【是，我已经连接了此硬件】单选按钮，并单击【下一步】按钮，这时系统将弹出如图 13-25 所示的对话框，显示用户当前计算机中已经安装的所有硬件列表。

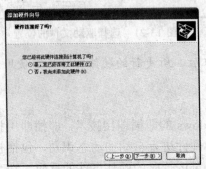

图 13-24　【硬件是否已连接】对话框

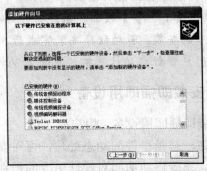

图 13-25　计算机中已经安装的硬件列表

❼ 在【已安装的硬件】列表最下面，选择【添加新的硬件设备】选项，然后单击【下一步】按钮，打开如图 13-26 所示的选择硬件安装方式对话框。

❽ 选中【安装我手动从列表选择的硬件(高级)】单选按钮，然后单击下一步按钮，打开【硬件类型】对话框，如图 13-27 所示。

❾ 选中【声音、视频和游戏控制器】选项，然后单击【下一步】按钮，弹出图 13-28 所示的【选择要为此硬件安装的设备驱动程序】对话框。在窗口左侧的【厂商】列表中选择硬件的生产厂商，并在右侧的【型号】列表中选择和当前要安装的硬件相匹配的设备类型。

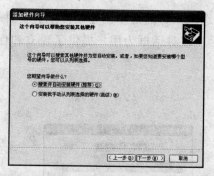

图 13-26　选择硬件的安装方式

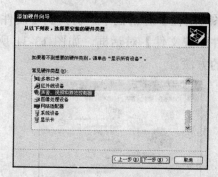

图 13-27　选择硬件类型

❿ 用户也可以单击【从磁盘安装】按钮，打开如图 13-29 所示的【从磁盘安装】对话框，并在【厂商文件复制来源】下拉列表框中输入驱动程序的位置。或者单击【浏览】按钮，从打开的对话框中进行选择。

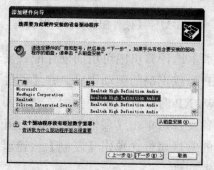

图 13-28　选择要安装的设备驱动程序

图 13-29　【从磁盘安装】对话框

⓫ 在【磁盘安装】对话框中单击【确定】按钮，返回到【选择要为此硬件安装的设备驱动程序】对话框，将在【型号】列表中显示用户所指定文件夹中的设备类型。

⓬ 在【型号】列表选中该硬件，并单击【下一步】按钮，这时安装向导开始向计算机中复制驱动程序所必需的一些文件。

⓭ 复制文件并完成安装后，向导会提示用户已经正确地安装了该硬件，单击【完成】按钮，重新启动计算机后，即可正常运行该硬件。

至此，该非即插即用声卡的安装完成。对于其他类型的非即插即用设备，Windows XP 的安装方法也是大同小异，仅仅是一些设置上的不同，用户还可以通过参考设备的说明书，来正确地配置非即插即用硬件。

13.3.6　管理硬件配置文件

合理地管理硬件配置文件，有利于用户使用系统设备。通过【系统属性】对话框，用户可以很方便地进行硬件配置文件的管理。在桌面上，右击【我的电脑】图标，从打开的快捷菜单中选择【属性】命令，打开【系统属性】对话框，如图 13-30 所示。

提示： 在【系统属性】对话框的【常规】选项卡下，用户可以查看到计算机中安装的操作系统的版本、CPU 和内存情况。

在【系统属性】对话框中，切换到【硬件】选项卡，然后单击【硬件配置文件】按钮，打开【硬件配置文件】对话框，如图 13-31 所示。该对话框为用户提供了建立和保存不同硬件配置的方法。

图 13-30　【系统属性】对话框　　　　图 13-31　【硬件配置文件】对话框

在【可用的硬件配置文件】列表框中显示了本地计算机中可用的硬件配置文件清单。硬件配置文件可在硬件改变时指导 Windows XP 加载正确的驱动程序。在【硬件配置文件选择】选项组中，用户可以选择在启动 Windows XP 时如有多个硬件配置文件而无法决定使用哪一个时可使用的方法。选定一个硬件配置文件后单击【属性】按钮可打开【属性】对话框，其中提供了当前选定的硬件配置文件的常规属性。单击【复制】按钮以及【重命名】按钮可以复制或重命名当前选定的硬件配置文件。

13.4　优　化　内　存

为了提高计算机系统的运行速度，用户需要控制应用程序如何使用内存。通过【系统属性】对话框中的【高级】选项卡，用户很容易设置应用程序对内存的使用方式。通过系统内存的优化，还能够更好地提升系统性能，以达到充分利用系统资源的目的。

例 13-3　调整虚拟内存。

❶ 在桌面上右击【我的电脑】图标，从弹出的快捷菜单中选择【属性】命令，打开【系统属性】对话框，切换到【高级】选项卡，如图 13-32 所示。

❷ 在【高级】选项卡中，单击【性能】选项区域中的【设置】按钮，打开【性能选项】对话框，切换到图 13-33 所示的【高级】选项卡。

❸ 在【内存使用】选项区域中，选中【程序】单选按钮，优化应用程序性能。

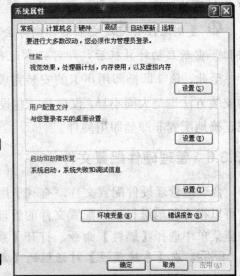

图 13-32　【系统属性】对话框的【高级】选项卡

❹ 用户要进行虚拟内存管理，单击【虚拟内存】选项区域中的【更改】按钮，打开【虚拟内存】对话框，如图 13-34 所示。

❺ 在【所有驱动器页面文件大小的总数】选项区域中，提示用户驱动器页面文件大小的总数最小值为 2MB，当前已分配的虚拟内存为 1344MB，并推荐用户使用 1342MB 虚拟内存。

❻ 如果用户需要修改某个驱动器的页面文件大小，可在驱动器列表框中单击该驱动器。然后在【所选驱动器的页面文件大小】选项区域中选中【自定义大小】单选按钮，在【初始大小】文本框中输入初始页面文件的大小。

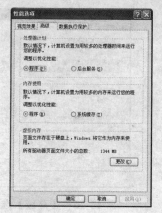 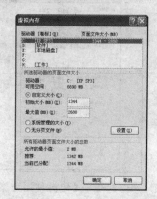

图 13-33　【性能选项】对话框【高级】选项卡　　图 13-34　【虚拟内存】选项卡

❼ 在【最大值】文本框中输入所选驱动器页面文件的最大值，其值不超过驱动器的可用空间。

❽ 单击【设置】按钮，使对所选驱动器页面文件大小的设置生效。

❾ 单击【确定】按钮，返回到【性能选项】对话框。

❿ 单击【确定】按钮，保存设置。

13.5　管理电源

当用户启动计算机之后，显示器、硬盘等会同时处于工作状态，但有时用户可能有较长的时间并没有进行任何操作，从环保角度来说，这样势必会浪费部分电源。随着节能型主板的产生，用户可以在 Windows 操作系统里设置不同的电源管理方案，以便使计算机的电源处于最佳工作状态，不但有利于节约电源，维护系统安全，而且有利于延长计算机寿命。

例 13-4　设置电源管理方案。

❶ 打开【控制面板】窗口，依次单击【性能和维护】|【电源选项】图标，打开【电源选项属性】对话框，默认打开的是【电源使用方案】选项卡，如图 13-35 所示。

❷ 在【电源使用方案】选项卡中，根据自己的情况从【电源使用方案】下拉列表框中选择一种方案：

● 如果用户使用的是台式机，可选择【家用／办公桌】选项；

- 如果用户将自己的系统作为服务器，选择【一直开着】选项；
- 如果用户使用的是笔记本电脑，可选择【便携／袖珍式】选项。

❸ 从【设置电源使用方案】选项区域的【关闭监视器】下拉列表框中选择关闭监视器的方案，例如，选择【20 分钟之后】选项，监视器在停用 20 分钟之后将自动被关闭。从【关闭硬盘】下拉列表框中选择关闭硬盘的方案，如选择【30 分钟之后】选项，硬盘在停用 30 分钟之后将自动被关闭。

❹ 切换到【高级】选项卡，如图 13-36 所示。如果希望在任务栏显示电源管理图标，可启用【总是在任务栏上显示图标】复选框。

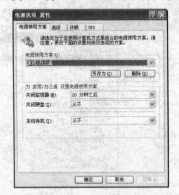 

图 13-35　【电源使用方案】选项卡　　　　图 13-36　【高级】选项卡

❺ 切换到图 13-37 所示的【休眠】选项卡，如果用户希望使用休眠功能，可启用【启用休眠】复选框。不过，在设置休眠支持时，要根据对话框中提供的数据确认空闲的磁盘空间比休眠所需要的磁盘空间大。

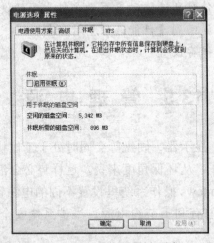

图 13-37　【休眠】选项卡

❻ 设置完毕，单击【确定】按钮保存设置。

如果用户的计算机经常用来编辑重要数据，可以为计算机配置不间断电源，以防止出现意外的停电事故导致数据丢失。

本 章 小 结

　　除了任务管理器外，Windows XP 还提供了性能监视器，来帮助用户查看计算机的资源使用情况和性能状况。通过可靠性监视器和事件日志，用户可以了解到系统最近运行时发生的错误信息，并作出相应对策。通过对硬件设备进行管理，可更好地保护系统设备。通过优化系统内存和进行电源管理，可提高系统性能和保障其稳定性。

习　　题

填空题

1. Windows XP 提供了任务管理器和＿＿＿＿这两个工具，以帮助用户了解当前系统的使用和性能状况。

2. 每当用户启动 Windows XP 时，系统会自动记录＿＿＿＿，包括各种软硬错误和 Windows XP 的安全性。

3. 对于＿＿＿＿设备只需要进行设备的硬件安装，不需要安装该设备的驱动程序，系统会自动识别并加载驱动程序。

选择题

4. 在任务管理器中，可在(　　)选项卡中查看当前运行的应用程序的状况。

　　A. 应用程序　　　B. 进程　　　　C. 性能　　　D. 联网

简答题

5. 如何查看当前计算机的运行性能状况。

6. 什么是事件？如何查看和管理事件？

上机操作题

7. 禁用并重新启用网卡设备。

8. 对系统内存进行优化。

第 14 章

实 训

14.1 安装与配置 Windows Vista/XP 双系统

❀ 实训目标

掌握在 Windows XP 下安装 Windows Vista 的方法,并学会通过 EasyBCD 软件来对系统进行配置,使得可以在 Windows XP 和 Windows Vista 间自由切换。

❀ 实训内容

首先介绍在 Windows XP 环境下 Windows Vista 旗舰版的安装过程,然后介绍如何使用 EasyBCD 对系统进行配置。

❀ 上机操作详解

❶ 启动 Windows XP 后,将 Windows Vista 的安装光盘放入光驱。稍等片刻后,光驱自动播放,打开图 14-1 所示的自动播放界面。

❷ 接着进入如图 14-2 所示的界面,请保持默认设置。

图 14-1 光盘安装界面

图 14-2 保持默认设置

❸ 单击【下一步】按钮,进入【安装 Windows】界面,如图 14-3 所示。

❹ 单击【现在安装】按钮,进入图 14-4 所示的界面。

❺ 在【获取安装的重要更新】对话框中,单击【不获取最新安装更新】选项,进入图 14-5 所示的界面,在【产品密钥】文本框中输入 25 位产品密钥。

❻ 单击【下一步】按钮,进入图 14-6 所示的界面,选择 Windows Vista 的安装版本

图 14-3 安装 Windows

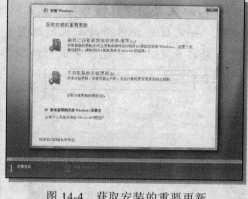

图 14-4 获取安装的重要更新

图 14-5 输入产品密钥

图 14-6 选择要安装的版本

❼ 单击【下一步】按钮，进入【许可协议】界面。查看该协议后，选中【我接受许可条款】复选框，如图 14-7 所示。

❽ 单击【下一步】按钮，进入如图 14-8 所示的界面。单击【自定义】选项，执行 Windows Vista 操作系统的自定义安装操作。

图 14-7 阅读许可协议

图 14-8 选择自定义安装

注意：不要选择【升级】安装，否则将会覆盖掉原来的 **Windows XP 系统**。

❾ 选择要将 Windows Vista 安装到的硬盘分区(要求安装分区至少可用空间为 15GB)，单击【下一步】按钮，如图 14-9 所示。

❿ 单击【下一步】按钮，随后安装程序会开始安装过程。在整个过程中，安装程序会

将 Windows Vista 完整的硬盘映象文件复制到所选的安装分区上，然后将其展开，如图 14-10 所示。随后，安装程序会根据计算机的配置和检测到的硬件安装需要的功能。这一过程可能需要自动重启多次，安装过程完成后，操作系统会被自动加载。

图 14-9　选择要安装的分区　　　　　　　　图 14-10　安装过程

注意：在展开文件的过程中，安装程序会自动重新启动计算机，用户无需干预。

⓫ 下面来对安装的后期进行设置。创建一个管理员账户，可以为该账户设置密码和密码提示，并可以选择账户的个性化图片，如图 14-11 所示。

⓬ 单击【下一步】按钮，接下来输入计算机的名称，并选择一张桌面背景，如图 14-12 所示。

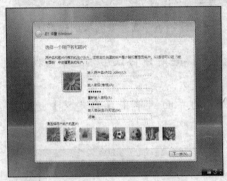

图 14-11　设置 Windows　　　　　　　　图 14-12　选择桌面背景图片

⓭ 单击【下一步】按钮，设置系统如何进行自动更新，如图 14-13 所示。

● 如果希望使用系统的默认设置，自动下载并安装安全更新和其他建议的更新、设备驱动、升级反间谍软件，并在系统出现问题后自动联网检查解决方案，可以单击【使用推荐设置】选项。

● 如果只需要系统自动下载安全更新，单击【仅安装重要的更新】选项。

● 如果用户不想现在决定，可以单击【以后询问我】选项。

⓮ 单击【下一步】按钮，设置时区、当前日期和时间等信息，如图 14-14 所示。

⓯ 单击【下一步】按钮，选择本机所在的网络位置：住宅、工作和办公场所，如图 14-15 所示。如果选择【住宅】或【工作】选项，则 Windows Vista 会自动设置为更容易和其他网络计算机进行通信。如果处于咖啡馆、机场等公共位置，则应该选择【公共场所】，这样可以确保别的陌生计算机无法轻易访问我们的系统，以确保网络安全。

图 14-13　选择如何更新系统

图 14-14　设置系统时间和日期

⓰ 最后设置结束，可以看到感谢画面，如图 14-16 所示。单击【开始】按钮，即可登录 Windows Vista。

图 14-15　选择本机所在的网络位置

图 14-16　感谢画面

⓱ 进入 Windows Vista 后，成功安装 EasyBCD 程序后启动它。在左侧单击【Add/Remove Entries】按钮，右侧将出现添加或删除系统入口的参数。在【Add an Enty】下选择本机上安装的操作系统，这里在【Windows】下选择【Windows Vista/Longhorn】，然后选择该系统所在的磁盘，并命名启动时显示的名称，最后单击【Add Entry】按钮，如图 14-17 所示。

⓲ 单击【Change Settings】按钮，在右侧选中【Uninstall the Vista Bootloader(use to restore XP)】单选按钮，单击【Write MBR】按钮，如图 14-18 所示。

图 14-17　添加启动项目

图 14-18　设置下次从 Windows XP 启动

⓳ 重新启动系统，即可进入 Windows XP。在 Windows XP 下安装并启动 EasyBCD，用前面介绍的方法添加 Windows XP 启动项目，如图 14-19 所示。

⓴ 单击【Change Settings】按钮，修改 Windows XP 的启动磁盘为 D 盘。然后设置默

认启动的操作系统为 Windows Vista, 等待时间为 30 秒, 这样如果 30 秒内用户没有选择启动项目的话, 计算机自动进入 Windows Vista 系统, 如图 14-20 所示。

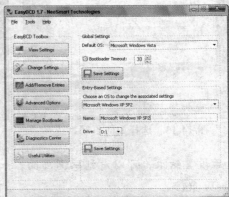

图 14-19 添加 Windows XP 启动项目   图 14-20 设置默认启动的系统

注意: 借助 **EasyBCD**, 用户还可以备份系统的引导文件和数据。关于 **Windows Vista** 与 **Linux**、**Mac** 等其他操作系统的多重引导问题, 也可以通过 **EasyBCD** 来解决。

14.2 设置 BIOS 常用参数

❀ 实训目标

BIOS 是计算机中的基本输入/输出程序、系统信息设置程序和系统启动自检程序的总称, 为计算机提供了最低级和最直接的硬件控制。通过本实训, 读者应理解并掌握常用 BIOS 参数的设置方法。

❀ 实训内容

通过 BIOS 参数调整系统日期和时间, 设置硬件设备的启动顺序, 屏蔽主板自带的板载声卡, 禁用 USB 设备, 设置电源, 恢复 BIOS 默认设置等。

❀ 上机操作详解

❶ 计算机启动后, BIOS 将自动执行一个自我检查程序。在 BIOS 自检后, 屏幕左下角会提示如何进入 BIOS 设置程序, 如 "Press Del To Enter Setup", 按下相应的按键即可进入 BIOS 设置程序, 图 14-21 所示为 Award BIOS 的主界面。

提示: 根据主板制造厂商的不同, **BIOS** 分 Award BIOS、AMI BIOS、Phoenix BIOS 三大类(不过 **Phoenix** 已经合并了 **Award**), 它们的参数和设置方法基本相同。

❷ 计算机的系统时间是由 BIOS 控制的, 如果有偏差, 往往影响到计算机对软硬件时间的判断。要设置系统日期和时间, 可使用键盘的方向键, 选择 Stand ard CMOS Features 选项, 按 Enter 键。在打开界面中使用左、右方向键移动到日期参数处, 按 Page UP 或 Page Down 键设置日期, 然后以同样方式设置时间。按 Esc 键可返回上一级界面。

❸ 设置硬件设备的启动顺序十分重要，例如要使用光盘安装操作系统，就需要将 CD-ROM 设置为第一启动设备，安装完成后再将硬盘设置为第一启动设备。在 BIOS 主界面选择 Advanced BIOS Features 选项并按 Enter 键，在打开界面中选择 First Boot Device 选项，按 Page UP 或 Page Down 键直到选择 CD-ROM 选项，即可将 CD-ROM 设置为第一启动设备。

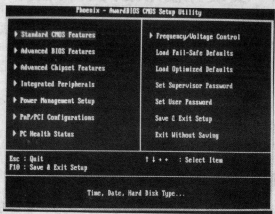

图 14-21　Award BIOS 主界面

❹ 现在用户在装机时基本上都不安装软驱，但 BIOS 默认计算机在每次开机时都要自动检测驱动，为了缩短自检的时间，可设置 BIOS 开机不检测软驱。进入 Advanced BIOS Features 设置界面，选择 Boot UP Floppy Seek 选项，按 Page UP 或 Page Down 键选择 Disabled 选项即可。

❺ 目前大部分的主板都集成有声卡，如果用户对板载声卡的音质不满意，购买了一块性能更好的声卡，则在安装时就需要在 BIOS 中设置屏蔽板载声卡。在 BIOS 主界面选择 Integrated Peripherals 选项并按 Enter 键，在新界面中选择 VIA On Chip PCI Device 选项，按 Enter 键。在新界面中选择 AC 97 Audio 选项，将其值设置为 Distabled，即可屏蔽板载声卡。

❻ 为了保护计算机中的一些重要资料，防止他人使用 U 盘或移动硬盘将资料盗走，可以在 BIOS 中禁用 U 盘。进入 Integrated Peripherals 设置页面，将 USB 1.1 Controller 和 USB 2.0 Controller 设置为 Disabled 即可。

❼ 为了防止他人对禁用的 U 盘"解锁"，可以给 BIOS 设置一个开机密码。在 BIOS 主界面选择 Set Supervisor Password 选项并按 Enter 键，在打开界面中输入并确认设置的密码即可。

❽ 为了更好地管理计算机电源，发挥计算机的性能，可在 BIOS 中对计算机的电源设置进行设置。在 BIOS 主界面选择 Power Management Features 选项，按 Enter 键进入其设置界面。其中：IPCA Function 用于设置是否启用 IPCA 高级电源管理；ACPI Suspend Type 用于设置何种 ACPI 类型被使用，在 S1 模式下，没有系统上下文丢失，在 S3 模式下，仅对主要部件供电，系统上下文被保存到主内存；Power Management/APM 用于设置省电模式是否启用，默认为启用状态。

❾ 设置完 BIOS 后，必须进行保存才能生效。在 BIOS 主界面选择 Save & Exit Setup 选项并按 Enter 键，保存修改。

⑩ 如果不小心修改了 BIOS 的一些高级参数，而用户对它们又不是十分了解，有可能造成系统问题。此时可选择恢复 BIOS 出厂时的默认设置，在 BIOS 主界面选择 Load Fail-Safe Defaults 选项，然后按 Enter 键即可。

14.3 安装并使用搜狗拼音输入法

❀ 实训目标

复习软件的安装方法，并练习使用搜狗拼音输入法。

❀ 实训内容

首先在机器上安装搜狗拼音输入法，然后重启计算机，使用该输入法输入汉字。

❀ 上机操作详解

❶ 首先来安装搜狗拼音输入法。双击搜狗拼音输入法的安装程序，打开图 14-22 所示的安装向导。

❷ 单击【下一步】按钮，阅读许可协议，如图 14-23 所示。

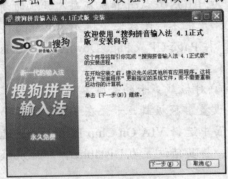
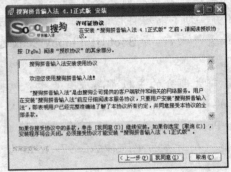

图 14-22　打开安装向导　　　　　　图 14-23　阅读安装协议

❸ 单击【我同意】按钮，设置安装路径，用户可以在文本框中直接输入路径，也可以单击右侧的【浏览】按钮，在打开的对话框中设置安装路径，如图 14-24 所示。

❹ 单击【下一步】按钮，选择是否创建快捷方式，如图 14-25 所示。

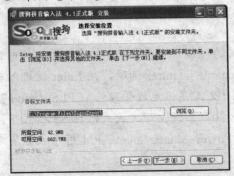
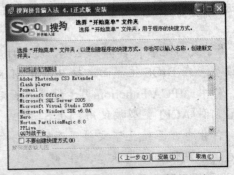

图 14-24　设置安装位置　　　　　　图 14-25　选择是否创建快捷方式

⑤ 单击【安装】按钮，向导即开始安装搜狗拼音输入法。安装完毕后，向导会提示下次开机后即可使用搜狗拼音输入法。

⑥ 重新启动计算机。下面介绍搜狗拼音输入法的用法。打开 Windows XP 的写字板，将输入法切换到搜狗拼音输入法。如果要输入汉字，可输入它们的全拼。如果输入的是词语，则可以输入词语首字母的简拼，如图 14-26 所示。

图 14-26　输入汉字

⑦ 搜狗拼音输入法的词语联想功能十分强大，只需输入一个长词的前 4 个音节的首字母，即可在 2、3 位置的候选项看到这个长词，如图 14-27 所示。

图 14-27　搜狗拼音输入法的联想功能

⑧ 如果要输入英文，可按 Shift 键将搜狗输入法切换到英文输入状态，直接输入英文即可。用户也可以在中文输入状态下输入英文后，直接按 Enter 键快速输入英文。

⑨ 如果要输入时间和日期，可输入 rq(日期的首字母)或 sj(时间的首字母)，如图 14-28 所示。同样，如果要快速插入系统星期，则可以输入 xq。

图 14-28　快速输入日期和时间

⑩ 搜狗拼音输入法提供了特有的网址输入模式，能够自动识别网址与邮箱，不用切换输入法即可输入，如图 14-29 所示。

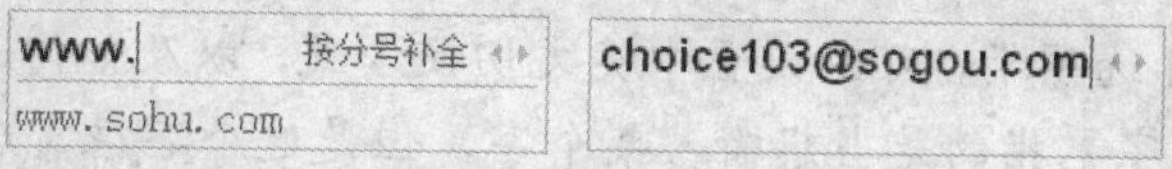

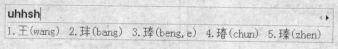

图 14-29　快速输入网址和邮箱

⑪ 使用拼音打字，总会遇到不认识的字，此时可以使用搜狗输入法的 U 模式笔画输入。例如输入"王"，可以输入"uhhsh(横横竖横)"，如图 14-30 所示。

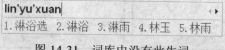

图 14-30　U 模式笔画输入

⑫ 搜狗词库虽然无所不包，但是仍会有生词出现，只要输入生词一次，搜狗就可以记住，输入缩写也没有问题。例如，第一次输入"林雨轩"，词库中没有，如图 14-31 所示。

图 14-31　词库中没有此生词

⑬ 选字并输入一次后，再次输入时，词库中就有此词了，如图 14-32 所示。

图 14-32　搜狗拼音输入法的生词记忆功能

⑭ 搜狗输入法通过逗号和句号来翻页，这是最有效的翻页方式。如果用户想查看输入的字数多少，可右击搜狗输入法，从弹出的快捷菜单中选择【输入统计】命令，可在打开的对话框中查看统计数字，如图 14-33 所示。

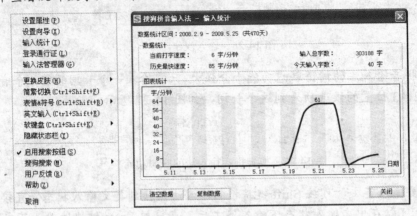

图 14-33　查看输入统计信息

⑮ 右击搜狗输入法，在弹出的快捷菜单中选择【设置属性】命令，可打开【搜狗拼音输入法设置】窗口。在【常用】选项卡中，可设置输入风格、初始状态、特殊习惯等，如图 14-34 所示。

提示： 动态组词指的是当系统中没有某个词时，输入法会自动组词。例如，词库里没有"经济社会"这个词，当用户输入"jingjishehui"时，输入法会自动用"经济"和"社会"组合。动态组词功能可以极大减少选词次数，建议用户启用该功能。

⑯ 切换到【按键】选项卡，可以设置中英文切换方式，以及如何选择候选字词，如图 14-35 所示。【以词定字】指的是当想输入某个字，但是这个字很靠后时，用该功能可以很快输入该字。假设选中了【左右方括号】复选框，输入"经济"时按"j"键可以输入"济"字。默认情况下【以词定字】功能是关闭的。

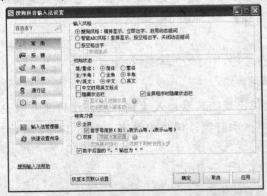

图 14-34　【常规】选项卡

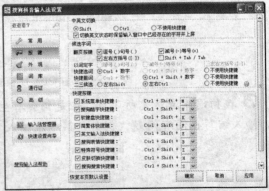

图 14-35　【按键】选项卡

⑰ 切换到【外观】选项卡，可以设置搜狗输入法的样式和外观，包括显示方式、中文

字体、英文字体、候选词大小、颜色等。

🔞 切换到【词库】选项卡，可以启用、下载、删除细胞词库，如图 14-36 所示。细胞词库是搜狗首创、开放共享、可在线升级的细分化词库的功能名称。细胞词库是专业词库的超集，包括但不限于专业类词库。它为不同领域词汇使用者提供了分门别类的词语集合，具有数量多、分类明晰、自由添加等特点。用户通过选择添加和自己相关的细胞词库可以输入几乎所有的中文词汇。一个典型的细胞词库包含某一专属类别的所有词汇。例如：一个【唐诗三百首】的细胞词库，包含所有唐诗三百首的诗句、作者名、诗名等词汇。

🔢 切换到【高级】选项卡，可以设置输入法的初始输入状态和全半角状态，以及是否启用系统内置的一些高级功能，如拼音纠错、网址模式、自定义短语等，如图 14-37 所示。

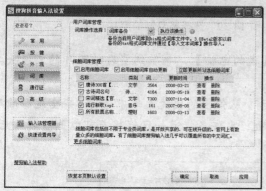
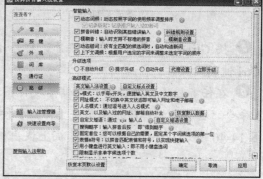

图 14-36　【词库】选项卡　　　　　　　图 14-37　【高级】选项卡

14.4　获取数码相机中的照片

❀ 实训目标

学会使用读卡器将数码相机中的照片导入到计算机中。

❀ 实训内容

将数码相机中的存储卡取出，并正确放入读卡器中，将读卡器正确连接到计算机的 USB 接口，然后将存储卡中的照片复制到计算机中。

❀ 上机操作详解

❶ 首先将数码相机中的存储卡取出，然后放入读卡器中，将读卡器通过 USB 接口连接到计算机。

❷ Windows XP 会自动检测到该设备，并打开图 14-38 所示的播放界面。用户可以选择使用 Microsoft 扫描仪和照相机向导将照片复制到计算机中，也可以选择打开存储卡的内容进行查看。

❸ 这里选择【打开文件夹以查看文件】选项，单击【确定】按钮，使用 Windows 资

源管理器打开存储卡的内容。

❹ 找到照片的存储位置，利用 Ctrl 键选择要复制到计算机中的照片，如图 14-39 所示。

图 14-38　自动播放界面　　　　　　图 14-39　选择要复制的照片

❺ 按 Ctrl+C 键复制选中的照片，打开【我的电脑】，导航到要存放照片的文件夹，按 Ctrl 键粘贴照片。

❻ 在任务栏通知区域右击存储卡硬件图标，从弹出的快捷菜单中选择【安全地移除硬件】命令，在打开的对话框中单击【停止】按钮，当任务栏通知区域提示可以删除硬件后，如图 14-40 所示，将读卡器从计算机上拔出。

图 14-40　安全地移除读卡器

提示：除了使用读卡器外，用户也可以使用数码相机自带的 USB 数据线，将数码相机连接至计算机，然后将照片导入到计算机中，具体方法与上面介绍的相似。

14.5　刻 录 光 盘

◈ 实训目标

学会使用 Nero Burning Rom 软件工具新建和复制 CD、DVD 光盘。

◈ 实训内容

Nero Burning Rom 是一款优秀的光盘刻录软件，可以刻录各种 CD 和 DVD，本实训介绍使用 Nero Burning Rom 刻录和复制 CD 光盘的方法和步骤。但前提是用户机器上安装有 CD 刻录机和空白的 CD 光盘。

◈ 上机操作详解

❶ 启动 Nero Burning Rom 程序，打开【新编辑】对话框，首先从左上角的下拉列表中选择光盘的类型，CD、DVD，还是蓝光 DVD，如图 14-41 所示。

图 14-41 【新编辑】对话框

❷ 在列表中选择要刻录的类型，是镜像文件，还是视频文件。这里选择【CD-ROM(ISO)】镜像文件，单击【新建】按钮，打开添加刻录文件的窗口。

❸ 在【文件浏览器】栏中选择要刻录到光盘中的文件或文件夹，用鼠标将它们拖到左侧的【名称】列表中，如图 14-42 所示。

图 14-42 选择要刻录的文件

❹ 在工具栏上单击【刻录】按钮，打开【刻录编译】对话框。禁用【结束光盘】复选框，如图 14-43 所示。

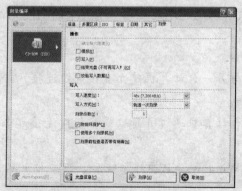

图 14-43 【刻录编译】对话框

❺ 单击【刻录】按钮，即可开始刻录光盘。在刻录过程中，要占用内存和 CPU 资源，为了保证刻录的稳定性，建议用户不要进行其他操作。刻录完成后，系统会打开对话框提示光盘刻录完成。将刻录好的光盘弹出即可。

❻ 如果用户需要将只读光盘上的信息完整复制到空白 CD 盘中。可以在【新编辑】对话框中选择【CD 副本】选项，在【复制选项】选项卡下选择源光盘所在的驱动器，如图14-44 所示。

❼ 在【刻录】选项卡的【写入】区域可以设置写入速度，如图14-45 所示。单击【复制】按钮，开始复制。在复制过程中，按提示分别插入源光盘和空白 DVD 光盘即可。DVD 光盘的刻录、复制方法与 CD 光盘相似。

图 14-44　选择源光盘所在驱动器　　　　图 14-45　设置写入速度

14.6　建立双机对等网络

❖ 实训目标

掌握只包含两台计算机的对等网的连接方法。

❖ 实训内容

安装 Windows XP 提供的直接电缆连接网络驱动程序，并在两台计算机之间的串行口或并行口之间连上电缆，就可以迅速地建立起一个简单而功能完备的双机对等网络。

❖ 上机操作详解

❶ 要想把一台计算机与另一台计算机建立直接电缆连接，首先需要一根电缆线，可以是串行线，也可以是并行线。

❷ 使用该电缆线将两台计算机通过并行口或串行口连接起来。注意两台计算机的接口必须相同。

❸ 启动计算机，进入 Windows XP 操作系统后，在桌面上双击【网上邻居】图标，打开【网上邻居】窗口。

❹ 在左侧任务窗格中单击【查看网络连接】链接，打开【网络连接】窗口，如图14-46 所示。

❺ 在【网络连接】窗口左侧的【网络任务】窗格单击【创建一个新的连接】链接，打开【新建连接向导】对话框，如图14-47 所示。

图 14-46 　【网络连接】对话框

图 14-47 　【新建连接向导】对话框

❻ 单击【下一步】按钮，打开【网络连接类型】对话框，如图 14-48 所示。在该对话框中选择【设置高级连接】单选按钮。

❼ 单击【下一步】按钮，打开【高级连接选项】对话框，如图 14-49 所示。如果用户允许其他计算机通过 Internet 或电话线来连接到该计算机，则选择【接受传入的连接】单选按钮；如果用户只用串口进行本地连接，则选择【直接连接到其他计算机】项。本例我们选择后者。

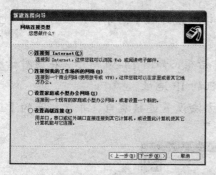

图 14-48 　【网络连接类型】对话框

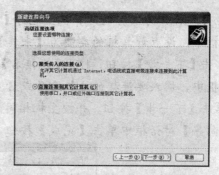

图 14-49 　【高级连接选项】对话框

❽ 单击【下一步】按钮，打开【主机或来宾】对话框，如图 14-50 所示。提示用户要连接两台计算机，需要指定所使用的计算机的类型是【主机】，还是【来宾】。如果其中的一台计算机中有用户要访问的资源，那么可将该机设为【主机】，而另一台用来访问这些资源的计算机则设为【来宾】。

❾ 在这里先进行主机的配置，即选择【主机】单选按钮，并单击【下一步】按钮，进入【连接设备】对话框，如图 14-51 所示。在【此连接的设备】下拉列表框中，选择目前两台计算机连接所使用的端口。

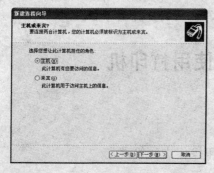

图 14-50 　【主机或来宾】对话框

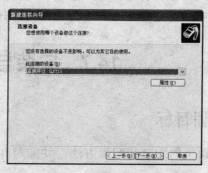

图 14-51 　【连接设备】对话框

⑩ 选择好连接的端口后,单击【下一步】按钮,打开【用户权限】对话框,如图 14-52 所示。在该对话框中指定可以连接到这台计算机上的用户。如果用户允许任意用户都可以通过端口连接到本地,则可启用 Guest 复选框。

⑪ 单击【下一步】按钮,打开【正在完成新建连接向导】对话框,如图 14-53 所示。单击其中的【完成】按钮,即可完成主机的设置过程。

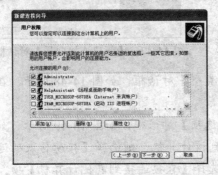 

图 14-52 【用户权限】对话框 　　图 14-53 【正在完成新建连接向导】对话框

⑫ 在另一台作为来宾的计算机上运行【直接电缆连接】向导,并在打开的【主机和来宾】对话框中,设置计算机的类型为【来宾】。

⑬ 单击【下一步】按钮,打开【连接名】对话框,如图 14-54 所示。在该对话框的【名称】文本框中,输入要连接的主机名称或者主机的 IP 地址。

⑭ 单击【下一步】按钮,并按主机相同的方法设置连接端口,并在打开的【正在完成新建连接向导】对话框中单击【完成】按钮。

图 14-54 【连接名】对话框

⑮ 经过上述步骤的操作,在【来宾】与【主机】都处于等待连接的状态时,如果该并行电缆线可以进行正确的信息传输,系统将提示用户已经成功地连接到对方的计算机。这时,用户就可以通过直接电缆连接进行两台计算机间的资源共享了。

14.7　安装与使用打印机

❀ 实训目标

掌握打印机的安装和配置方法,并能对打印操作进行管理。

❈ 实训内容

从打印机的安装开始,介绍打印机的配置方法,以及如何管理打印作业和打印文档。

❈ 上机操作详解

❶ 首先要安装打印机。打开【开始】菜单,单击【打印机和传真】命令,打开【打印机和传真】窗口。

❷ 在【打印机和传真】窗口的左侧窗格中单击【添加打印机】链接,打开【欢迎使用添加打印机向导】对话框,如图 14-55 所示。

❸ 单击【下一步】按钮,在打开的对话框中选择是安装本地打印机或是网络打印机,如图 14-56 所示。如果要安装本地打印机,需要先确保已将打印机连接在计算机的打印口(现在的打印机一般是 USB 口,旧的打印机则是 LPT1 口)上,然后选中【本地打印机】单选按钮。如果要安装网络打印机,则需要选中【网络打印机】单选按钮。

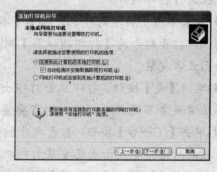

图 14-55 【欢迎使用添加打印机向导】对话框　　图 14-56 【本地或网络打印机】对话框

❹ 选中【本地打印机】单选按钮,单击【下一步】按钮,打开向导的【选择打印机端口】对话框。因为大多数计算机使用 LPT1 端口与本地打印机通讯,所以在此选择【LPT1:打印机端口】。

❺ 继续单击【下一步】按钮,打开选择打印机制造商和打印机型号的对话框,如图14-57 所示。

❻ 在【厂商】列表框中选择本地打印机的生产厂商,在【打印机】列表框中选择打印机的型号。一般情况下,每台打印机都附带驱动程序,如果用户手中持有打印机的附带驱动程序,可以单击【从磁盘安装】按钮,打开【从磁盘安装】对话框。

❼ 在【从磁盘安装】对话框中的【厂商文件复制来源】下拉菜单中选择装有打印机驱动程序的磁盘,也可以通过单击【浏览】按钮打开【查找文件】对话框,搜索驱动程序所在的位置。选择后,单击【确定】按钮,所选中的打印机名称及型号显示在【打印机】列表框中。

❽ 单击【下一步】按钮,打开向导的【命名打印机】对话框,如图 14-58 所示。在【打印机名称】文本框中显示的是通过磁盘安装的打印机的名称,如果需要还可以更改此名称。

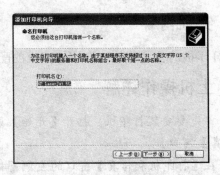

图 14-57　【安装打印机软件】对话框　　　　图 14-58　【命名打印机】对话框

❾ 选择完毕，单击【下一步】按钮，打开向导的【打印机共享】对话框，如图 14-59 所示。选中【共享名】单选按钮，并在后面的文本框中输入这台打印机在网络中的共享名称，即可将已安装的打印机设置为共享打印机，这样其他的用户也可以通过局域网使用这台打印机进行打印操作。

❿ 如果不希望共享打印机，选中【不共享这台打印机】单选按钮后，然后单击【下一步】按钮，打开向导的【打印测试页】对话框，选择是否打印一张测试页，以确认该打印机是否已正常安装。

⓫ 单击【是】按钮，打印机会打印出一张测试页来供用户确认是否打印正常。如果测试页不正常或者不能正确打印，则需要重新安装打印机驱动程序。

⓬ 单击【下一步】按钮，打开向导的【正在完成添加打印机向导】对话框，如图 14-60 所示。在此对话框中显示出已安装打印机的名称、型号、端口等内容，如果对某些设置不满意，还可以通过单击【上一步】按钮，返回到相应的对话框中再重新设置。

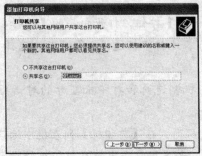

图 14-59　【打印机共享】对话框　　　图 14-60　【正在完成添加打印机向导】对话框

⓭ 单击【完成】按钮，完成【添加打印机向导】并开始从指定的驱动器中复制需要的文件。稍后，已安装的打印机图标即会出现在【打印机】窗口中。

⓮ 安装完成打印机后，在打印文件之前，一般要对打印机的属性进行一些设置，只有设置合适的打印机属性才能获得理想的打印效果。

提示：对于 USB 接口的打印机，系统会显示发现该新硬件的提示信息，用户只需按向导提示操作，即可快速完成打印机的安装。

⓯ 打印机中可以设置的内容很多，而且根据打印机的型号不同，其属性选项也会有所

不同。要设置打印机属性，在【打印机和传真】窗口中，右击准备设置属性的打印机，在随后出现的快捷菜单中，选择【属性】命令，如图 14-61 所示。用户也可以在窗口左侧的【打印机任务】窗格中单击【设置打印机属性】超链接。

⓰ 在打开的打印机属性对话框中，默认打开的是【常规】选项卡，如图 14-62 所示。

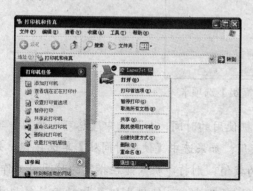

图 14-61　设置打印机属性　　　　图 14-62　【常规】选项卡

⓱ 在【常规】选项卡中，打印机名称文本框中显示了打印机的名称，在【位置】文本框中显示的是打印机所处的位置，如果需要，还可以在【注释】文本框中输入有关打印机的注释信息。在【功能】选项组中显示的是该打印机的一些功能，包括颜色和打印速度等，如果需要测试打印机打印是否正常，可以单击【打印测试页】按钮，打印出一张测试页以供验证。

⓲ 单击【打印首选项】按钮，可以打开【打印首选项】对话框，如图 14-63 所示，系统默认打开【布局】选项卡。因为安装的打印机不同，所以此首选项中的内容也不尽相同，但其主要设置内容是一样的。在【方向】选项组设置打印的方向是纵向还是横向；在【页序】选项组设置打印时的页码顺序是从前向后，还是从后向前。单击【高级】按钮，在打开的对话框中还可以设置打印机的高级属性。

⓳ 在打印机属性对话框中单击【端口】标签，打开【端口】选项卡，如图 14-64 所示。

⓴ 在【端口】选项卡中，可以通过单击【删除端口】、【配置端口】按钮来进行删除端口和配置端口的操作。

图 14-63　设置打印首选项　　　　图 14-64　【端口】选项卡

㉑ 在打印机属性对话框中单击【高级】标签，打开【高级】选项卡，如图 14-65 所示。

图 14-65　【高级】选项卡

❷❷ 在【高级】选项卡中，可以设置打印机使用的时间，如果选中【总可以使用】单选按钮，那么打印机将不受时间限制，随时可以使用；如果选中【使用时间从】单选按钮，并在其后的微调框中设置用于限制打印机使用时间的数值，则打印机只能在指定的时间内工作。

❷❸ 在【优先级】微调框中可以设置打印机的优先级，该优先级是相对于计算机中的其他打印机而设置的。在【驱动程序】列表框中显示的是当前的打印机驱动程序的名称，如果需要更改，可以单击【新驱动程序】按钮，打开【添加打印机驱动程序向导】来安装新的打印机驱动程序。

❷❹ 在【高级】选项卡的其他选项中，可以设置使用后台打印的方法，即【在后台处理完最后一页时开始打印】或【立即开始打印】。也可以选中【直接打印到打印机】单选按钮，将其设置为直接打印。设置完成后，单击【确定】按钮保存设置。

❷❺ 至此完成打印机的配置操作，下面就可以使用打印机打印文档了。

❷❻ 选择应用程序中的【文件】|【打印】命令，打开【打印】对话框，根据应用程序的不同，所提供的【打印】对话框也会有所不同。不管【打印】对话框的外观如何，一般都会提供打印的设置选项，来设置打印的范围、需要打印的份数及要使用的打印机。

❷❼ 如要打印 Word 中的文本文件，则在 Word 菜单栏中选择【文件】|【打印】命令，打开如图 14-66 所示的【打印】对话框。

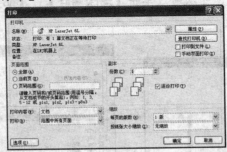

图 14-66　【打印】对话框

❷❽ 在【打印机】选项组中的【名称】下拉列表框中列出了安装的所有打印机。默认时，系统会显示默认打印机作为首选打印机，如果要使用其他打印机，可以在【名称】下拉列表框中进行选择。单击【属性】按钮，可以设置在【名称】下拉列表框中选择的打印机的属性，该属性相当于设置打印机的打印首选项。

㉙ 【页码范围】选项组用来设置打印文件中的哪些部分。选中【全部】单选按钮，应用程序将打印当前文件的全部内容。选中【当前页】单选按钮，可以打印光标所在的页，如果选中【页码范围】单选按钮，可以设置要打印的页码范围，页码范围可以是连续的也可以是不连续的，在不连续的页码之间用"，"分割，在连续的范围中用"-"连接。例如要打印当前文档中的第 2 页、第 8 页、第 42 到第 70 页，可以在【页码范围】文本框中输入"2，8，42-70"。

㉚ 【副本】选项组用于设置当前文档打印的份数和打印的方式。如果要设置打印的份数，可以在【份数】数值微调按钮中输入希望打印的份数；如果选中【逐份打印】复选框，打印机会将文件从头到尾打印一遍，再打印第二份，直到完成用户设定的份数；如果禁用【逐份打印】复选框，打印机会按用户设定的份数首先打印完所有第一页，然后再打印所有第二页，直到打印完整个文档。

㉛ 完成设置后，在【打印】对话框中单击【确定】按钮，应用程序就会将文件送往打印机，打印机即开始按照用户的设置打印文件。

㉜ Windows XP 为用户提供了管理打印作业的服务，应用程序只需把需要打印的文件送往打印机，具体的打印管理由系统负责完成。当然，用户也可以参与管理打印作业。

㉝ 在 Windows XP 中，每一台打印机的作业都是单独管理的，要查看当前打印机中的打印作业，可以在【打印机和传真】窗口中双击包含打印作业的打印机，打开打印机的打印队列，如图 14-67 所示。

图 14-67 打印队列窗口

㉞ 在打印队列窗口中，按照文件送往打印机的先后顺序排列成打印队列。对于每一个打印作业，都在列表中显示出了当前打印作业的各种属性，例如，文件的名称和打印该文件的应用程序、文件当前的打印状态、文档的所有者、文件的大小、打印进度等信息。

㉟ 在打印队列中，打印优先级高的文档将先被打印，所以用户可以通过更改打印优先级来调整打印文档的打印次序，使急需的文档先打印出来，而不紧急文档后打印出来。

㊱ 在打印队列窗口中，右击需要调整打印次序的文档，从弹出的快捷菜单中选择【属性】命令，弹出如图 14-68 所示的对话框，默认打开【常规】选项卡。

图 14-68 调整打印文档的顺序

㊲ 在该选项卡的【优先级】选项组中，拖动其中的滑块，即可更改待打印文档的优先级。只要其优先级设置得比前面待打印文档的优先级高，就可以在打印完正在打印的文档后，立即打印该文档。

㊳ 设置完成后，单击【确定】按钮，关闭该对话框。

㊴ 要想尽快打印用户急需的文档，可以将该文档之前的所有文件暂停，当打印机打印完当前文件后，会跳过被暂停的打印作业。

㊵ 要暂停一个打印作业，可以在打印队列窗口选中该打印作业，然后选择【文档】|【暂停打印】命令，状态栏上显示【暂停】字样。要恢复暂停的作业，可以选中要恢复打印的打印作业，并再次选择【文档】|【暂停打印】命令，此时标题栏的【暂停】字样消失。如果暂停了正在打印的作业，所有该打印作业之后的打印作业都将暂停，直到恢复当前打印作业，并在打印完该打印作业后，其他打印作业才会按顺序打印。如果暂停了某一处在等待状态的打印作业，打印机会跳过该打印作业，直接打印其后的打印作业。

㊶ 如果在打印过程中，打印机出现了故障，如缺纸、缺墨或者网络不通，会使打印机暂时停止打印，到解除故障时再恢复打印。如果是打印机暂停打印，所有打印作业都将处于待打印状态，直到恢复打印。

㊷ 在打印队列窗口的菜单栏中选择【打印机】|【暂停打印】命令，如图 14-69 所示。系统会停止向打印机发送打印作业，但是已经发送到打印机中的打印作业仍然会被打印出来。等到打印机打印完打印机内存中的信息后，用户可以对打印机进行处理，使打印机恢复正常功能，然后再次选择【打印机】|【暂停打印】命令，系统将继续向打印机发送打印作业。

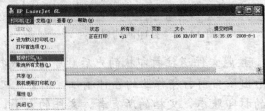

图 14-69　选择【暂停打印】命令

㊸ 如果打印队列中有不想打印的作业，可以取消该打印作业；如果打印队列中的所有打印作业都不需要打印，可以清除打印队列中的全部作业，包括正在进行的打印作业。要取消单个打印作业，首先选中该打印作业，然后选择【文档】|【取消打印】命令。如果要取消全部打印作业，可以选择【打印机】|【清除打印文档】命令系统立即停止打印，并开始删除打印队列中的打印作业。

㊹ 由于许多打印机都有自己的内存缓冲区，即使终止打印命令后，打印状态信息在屏幕上消失了，打印机还会在终止打印命令发出后打印出几页内容。

㊺ 如果在系统中有一个以上的打印机，可以将其中的一个设置为默认打印机。那么当单击【常用】工具栏上的【打印】按钮时，打印工作将直接输出到该打印机上，不必再进行选择。要设置默认打印机，只需在【打印机和传真】窗口中，右击要设置为默认打印机的图标，然后在打开的快捷菜单中选择【设为默认值】命令即可。

㊻ 至此完成对打印机的使用和配置实例。

14.8 使用 Foxmail 收发电子邮件

❈ 实训目标

学会使用 Foxmail 进行邮件的日常管理。

❈ 实训内容

建立用户账户，收发邮件，对邮件进行回复、转发或删除等，并使用地址簿来管理联系人。

14.8.1 建立用户账户

通过账户管理，可以让 Foxmail 将申请的电子邮件管理起来，用户不用登录到邮箱就可以收发邮件。尤其是当用户拥有多个电子邮箱时，用 Foxmail 来管理会更为方便。

❶ 安装完 Foxmail 后，Foxmail 会自动启动向导，引导用户建立第一个邮件账户，如图 14-70 所示。输入电子邮件地址、密码、账户名称等信息，单击【下一步】按钮。

❷ 在打开的对话框中保持默认提供的 POP3、SMTP 服务地址和 POP3 账户名，如图 14-71 所示。如果用户觉得 Foxmail 自动提供的服务地址不正确，则可以手动进行修改。单击【下一步】按钮。

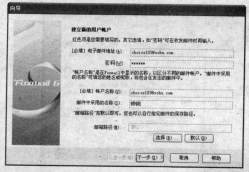

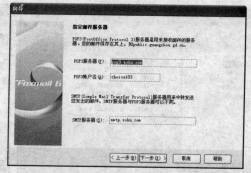

图 14-70 输入自己的邮件地址、密码等信息　　图 14-71 设置 POP3、SMTP 服务地址和 POP3 账户名

❸ 在打开的对话框中设置是否在邮件服务器上保存邮件备份，单击【测试账户设置】按钮，可对建立的用户账户进行测试以查看是否能正常工作，如图 14-72 所示。如果测试成功，单击【完成】按钮，即可完成用户账户的建立。

❹ 创建好用户账户后，即可进入 Foxmail 程序。如果用户想修改账户中的个人信息、邮件服务器、发送邮件等设置，可选择【邮箱】|【修改邮箱账户属性】命令，打开【邮箱账户设置】对话框。在左侧选择选项，可在右侧设置对应的参数。例如希望 Foxmail 每隔一段时间自动收取新邮件，可单击【接收邮件】选项，然后在右侧参数区进行设置，如图 14-73 所示。

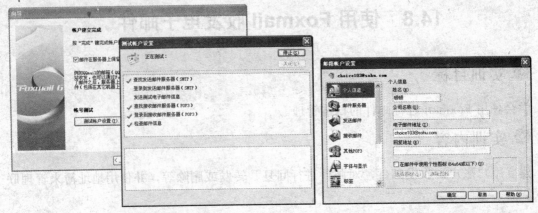

图 14-72　测试用户账户是否能正常工作　　　　图 14-73　修改 Foxmail 用户账户

❺ 选择【邮箱】|【新建邮箱账户】命令,可重新打开邮件账户建立向导,重复步骤❶~❸,可使用用户的其他邮件地址来建立新的用户账户。

14.8.2　收发邮件

❶ 进入了 Foxmail 程序界面后,单击按钮工具栏的【收取】按钮,即可收取邮件,如图 14-74 所示。【收件箱】显示了用户的未读邮件数量,单击【收件箱】,右侧内容区域将显示收件箱中的邮件,用户读过的邮件以灰色显示。

❷ 单击未读邮件,即可浏览该邮件的内容,如图 14-75 所示。

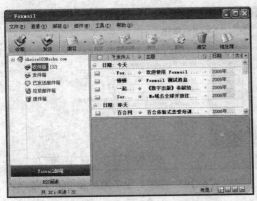 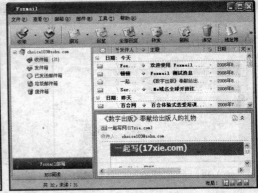

图 14-74　使用 Foxmail 收取邮件　　　　图 14-75　阅读邮件内容

❸ 如果用户想回复该邮件,可单击按钮工具栏的【回复】按钮,此时将打开图 14-76 所示的邮件编辑窗口,编辑回复的内容。

❹ 如果用户希望在邮件中传送一些文件,例如 Word 文档、图片等,可首先用压缩软件对它们进行压缩。然后单击邮件编辑窗口中的【附件】按钮,在打开对话框中选择要传送的文件即可。

❺ 为了更加突出自己的个性化,用户还可以在邮件中添加自己的签名。单击邮件编辑窗口中的【插入签名】按钮即可。如果用户还没有签名,则可以新建一个。单击【插入签名】按钮右侧小三角按钮,在弹出的菜单中选择【管理签名】命令,打开【管理签名】对话框,如图 14-77 所示。

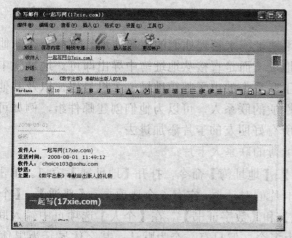

图 14-76 邮件编辑窗口

图 14-77 【管理签名】对话框

❻ 单击【新建】按钮，在打开的对话框中设置新签名的名称，然后单击【下一步】按钮，对签名进行编辑，如图 14-78 所示。

图 14-78 创建并编辑签名

❼ 编辑好签名后，单击【确定】按钮即可。在【创建签名】对话框中，用户还可以对已有签名进行编辑。

提示：当用户拥有多个签名时，单击【插入签名】按钮会弹出菜单让用户选择插入哪个签名。

❽ 编辑好回复的内容后，单击按钮工具栏的【发送】按钮即可进行回复。如果用户要向某人发送邮件，可单击按钮工具栏的【回复】按钮，同样将打开邮件编写窗口，在【收件人】文本框中输入联系人的邮件地址，并在【主题】文本框中输入邮件的标题。如果还要向其他人发送同样一封邮件，可使用抄送功能，在【抄送】文本框中输入其他人的邮箱地址，以分号隔开，这样就可以一次向多人发送电子邮件了。

❾ 如果用户希望将收到的某个邮件转发给其他人，可以单击按钮工具栏的【转发】按钮，此时将打开邮件编辑窗口。该窗口中包含了原邮件的内容，如果原邮件带有附件的话，也会自动附上。用户可以编辑修改邮件的内容，然后在【收件人】中输入要转发到的邮件地址并进行发送即可。

❿ 对于不想保留的邮件，用户可将其删除以节约邮箱存储空间。在收件箱中右击要删除的邮件，从弹出的快捷菜单中单击【删除】命令。这实际上只是将邮件转移到了【废件箱】中，打开废件箱即可看到前面删除的邮件。如果要彻底删除这些邮件，可右击【废件箱】，从弹出的快捷菜单中单击【清空废件箱】命令。

14.8.3 使用地址簿和邮件组

当用户有多个联系人时，可以使用地址簿来管理他们的邮箱地址。这样，在向他们发送邮件时就不用每次都输入收件人的地址，而是直接从地址簿中导出即可。地址簿中的信息是以卡片形式存在的，卡片中记录了联系人的电子邮箱地址、手机号码，以及其他一些与联系人相关的信息。对于具有相同性质的联系人，可以为他们创建邮件组，例如可以建立一个"朋友"组，然后将地址簿中所有好朋友的卡片添加进去。

可以通过如下方式之一来创建地址簿的联系人卡片：

- 在 Foxmail 主界面选择【工具】|【地址簿】命令，打开【地址簿】窗口。单击【新建卡片】按钮，打开一个创建卡片的对话框，它有 6 个选项页：【普通】、【个人】、【家庭】、【公司】、【其他】和【数字证书】。在【个人】选项页中输入联系人的姓名、电子邮件地址(可以为多个，但只有一个为默认，其字体显示为黑体)。如果还需要填写联系人的更详细信息，可以继续在其他选项页中进行编辑。完成后单击【确定】按钮即可创建该联系人的卡片，如图 14-79 所示。
- 在地址簿中一个一个建立卡片显得太繁琐，可以把收到的邮件的发件人地址快速添加到地址簿中。选择一封邮件后，右击该邮件，从弹出的快捷菜单中单击【邮件信息】|【将发件人加入地址簿】，再选择把该发件人的信息添加到地址簿的具体哪个文件夹中。
- 当用户发送邮件时，系统会自动地在公共地址簿的【发送邮件】文件夹中置入该联系人的卡片，从而使得地址簿的建立十分方便，用户只需对卡片信息进一步丰富、完善即可。

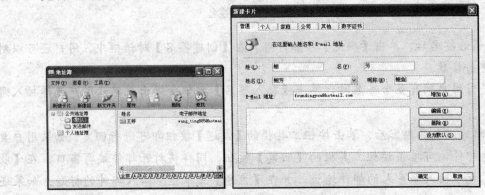

图 14-79　创建地址簿卡片

要使用地址簿向某人发邮件，可打开【地址簿】窗口，双击要发送邮件的联系人，即可打开邮件编辑窗口，编写内容并发送即可。

当地址簿中联系人很多时，为了便于管理，可以将他们分组。在【地址簿】窗口单击【新建组】按钮，打开【新建邮件组】对话框。在【组名】文本框中设置邮件组的名称，如"同事"。单击【新增】按钮，打开【选择地址】对话框。选择要向邮件组中添加的联系人，单击　→　按钮，将他们添加到右侧的【成员】列表中，如图 14-80 所示。

图 14-80　新建邮件组并向其中添加联系人

提示：为了实际应用的方便，**Foxmail** 允许用户在不同的邮件组里增加同一个联系人，例如"王婷"既可以属于"同事"这个组，也可以属于"朋友"这个组。

要向某个邮件组中的所有联系人发送邮件，可在【地址簿】窗口中单击该邮件组，然后单击【写邮件】按钮，即可在打开的邮件编辑窗口中编写邮件内容并发送，如图 14-81 所示。

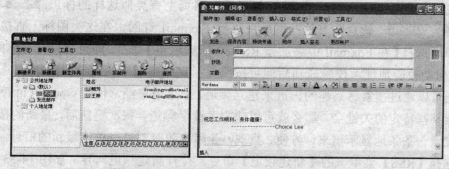

图 14-81　向邮件组中所有联系人发送邮件

Foxmail 地址簿还提供了强大的导入、导出功能，使用这些功能可以快速获取批量的外部地址，也可以输出、备份或者转移 Foxmail 地址簿。对于 Outlook Express 通讯簿和 Outlook 联系人，由于 Foxmail 直接支持它们保存的文件类型，因而直接导入即可。但对于 MSN 中的联系人，要导入到 Foxmail 中则稍微复杂一些。

11.8.4　使用 RSS 阅读新闻和文章

RSS 是简易信息聚合(Really Simple Syndication)的缩写，是一种订阅机制，就像订阅报纸、杂志一样。通过这种订阅机制，用户可以订阅喜欢的内容，例如门户网站的新闻、个人的 Blog、支持 RSS 的论坛帖子等。Foxmail 为用户提供了中文 RSS 阅读功能，使用户在日常管理邮件之余，不必借助其他工具软件或者是通过浏览器打开网站就可以阅读新闻。Foxmail 可以自动为用户收集好订阅的最新信息，保持新闻内容的及时性，而无需用户再逐个访问网站，方便快捷的同时，也避免受到广告的侵扰。

在 RSS 中，频道是一些可以用来阅读的内容的来源，就像网站或是邮箱，它的网址被称为 newsfeed。频道的内容被称之为"文章"，一篇篇的文章就像一个个的网页或是一封封的邮件。多个同类的频道归于一起，就形成了一个"频道群组"。Foxmail 已经默认订

阅了一些频道。在 Foxmail 主界面选择【查看】|【启用 RSS 阅读功能】命令，即可打开 RSS 面板，上面列出了 Foxmail 自行建立的频道和频道组，单击其中的某个频道组中的某个频道，可查看该频道的新内容列表，单击其中一个主题，即可查看其内容，如图 14-82 所示。

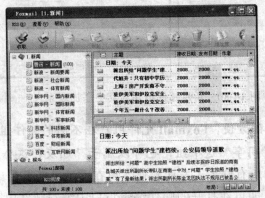

图 14-82　查看 RSS 订阅的新闻

用户也可以自行订阅所喜欢的频道。如果看到网页上有类似这样的标识：RSS 、XML 、ATOM 0.3 、OPML，就意味着这些网站可以被 Foxmail 订阅。在这类图标上直接右击，在弹出菜单中选择【在 Foxmail 中添加该 RSS 频道/频道组】命令，即可直接打开订阅向导，Foxmail 将自动校验地址，校验成功后即可按照提示完成频道或频道组的建立。

用户还可以通过搜索感兴趣的词语来建立频道。如果用户经常使用 Google、百度等搜索网站来搜索某些特定的关键字，那么就可以建立关键字频道，每次更新后，最新的搜索结果就会作为文章一条条地显示出来，方便、直观，让用户随时都可以关注最新的信息。在 RSS 阅读界面选择【RSS】菜单下的【新建频道】命令，打开新建频道向导，如图 14-83 所示。

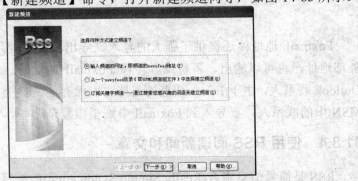

图 14-83　新建频道组

选中【通过搜索您感兴趣的词语来建立频道】选项，单击【下一步】按钮，然后输入搜索关键字，按照向导提示输入频道名称，并设置所属的频道组。建立频道时默认是选中【自动更新该频道的文章】复选框的，这意味着 Foxmail 将每隔一段时间自动更新频道内的文章，如果用户禁用该复选框，则意味着用户必须手工来收取文章。成功建立频道后，Foxmail 将立刻开始自动收取其中的文章。

如果用户想新建一个频道组，可单击图 14-83 左图中的【新建频道群组】命令，系统将自动打开向导。用户可以按照向导提示建立空白的或者包含已有频道的频道组。

14.9 使用 Partition Magic 管理磁盘分区

❀ 实训目标

学会使用 Partition Magic 管理磁盘分区。

❀ 实训内容

Partition Magic 是一款出色的分区软件，它分区速度快、支持大硬盘，并且拥有无损调整分区、分区格式转换以及合并分区等实用功能。本实训具体讲解这些功能的用法。

14.9.1 创建新分区

❶ 在机器上安装 Partition Magic 后启动它，界面如图 14-84 所示。

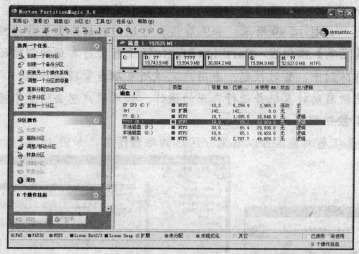

图 14-84　Partition Magic 主界面

❷ 要创建新的分区，可在左侧任务窗格中单击【创建一个新分区】链接，打开【创建新的分区】对话框，如图 14-85 所示。

❸ 单击【下一步】按钮，打开【创建位置】对话框，在【新分区的位置】列表中选择新分区的位置，保持向导推荐位置即可，如图 14-86 所示。

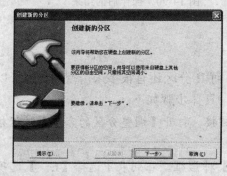

图 14-85　创建新的分区向导

图 14-86　选择新分区的位置

❹ 单击【下一步】按钮，选择新分区的空间从哪个现有分区中获取，选中【H】分区前的复选框，表示从 H 分区获取新分区所需空间，如图 14-87 所示。

❺ 单击【下一步】按钮，设置新分区的大小和卷标，如图 14-88 所示。

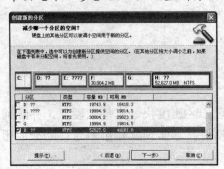 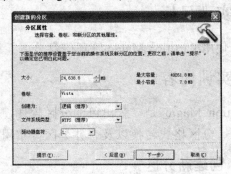

图 14-87　选择提供新分区空间的分区　　　　图 14-88　设置新分区大小和卷标

❻ 单击【下一步】按钮，查看新分区的大小、位置等信息，确认无误后，单击【完成】按钮，将操作挂起，如图 14-89 所示。如果有误，可返回前面步骤重新修改。

提示：单击【完成】按钮后，Partition Magic 还没有进行真正的创建磁盘工作，而是把操作加入到操作队列中，暂时挂起。当用户完成所有磁盘管理操作后，单击【应用】按钮，系统将自动重新启动计算机并进行真正的操作。如果用户想去除某个操作，选中该操作后单击【撤销】按钮即可。

❼ 此时在磁盘信息浏览区可以看见分区后的磁盘情况，如图 14-90 所示。

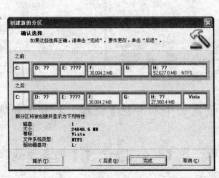 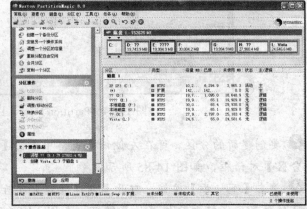

图 14-89　【确认选择】对话框　　　　　　图 14-90　操作后的结果

14.9.2　调整分区大小

如果用户的 E 分区的空间已经被全部使用，而 H 分区还有很多未用空间，则可以通过调整分区大小，将 H 盘的未用空间分配给 E 盘，具体步骤如下：

❶ 在主界面单击【调整一个分区的容量】链接，打开【调整分区的容量】对话框，如图 14-91 所示。

❷ 单击【下一步】按钮，打开【选择分区】对话框，在列表中选择【E: 】选项，调整 E 盘的分区大小，如图 14-92 所示。

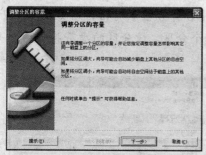

图 14-91 【调整分区的容量】对话框

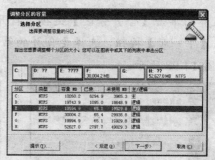

图 14-92 选择分区

❸ 单击【下一步】按钮，打开图 14-93 所示的对话框，设置要将分区调整到的容量。

❹ 单击【下一步】按钮，打开图 14-94 所示的对话框，在分区列表中选择 H 盘，将该磁盘的未用空间分配给 E 盘。

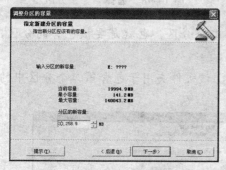

图 14-93 设置分区的新容量

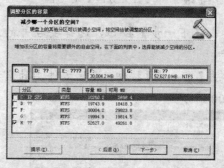

图 14-94 选择减少空间的分区

❺ 单击【下一步】按钮，打开【确认分区调整容量】对话框，要求用户进一步确认设置，如图 14-95 所示。

❻ 单击【下一步】按钮，将操作挂起，此时在磁盘信息浏览区可以查看调整分区后的结果，如图 14-96 所示。

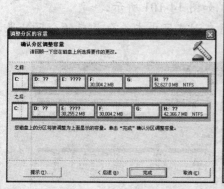

图 14-95 【确认分区调整容量】对话框

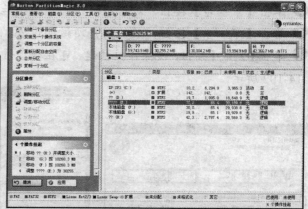

图 14-96 调整分区后的结果

14.9.3 合并分区

可以将具有相同文件格式的两个分区进行合并，具体步骤如下：

❶ 在主界面单击【合并分区】链接，打开【合并分区】对话框，如图 14-97 所示。

❷ 单击【下一步】按钮，选择要合并的第一个分区，该分区的盘符将作为合并后分区的盘符，如图 14-98 所示。

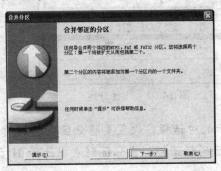

图 14-97　【合并分区】对话框

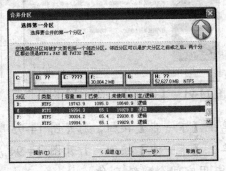

图 14-98　选择第一个分区

❸ 单击【下一步】按钮，选择要合并的第二个分区，也就是要被包含的分区，如图 14-99 所示。

❹ 单击【下一步】按钮，设置文件夹的名称，该文件夹用于包含第二个分区中的内容，如图 14-100 所示。

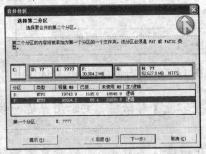

图 14-99　选择第二个分区

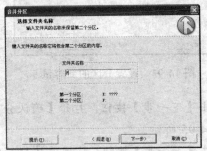

图 14-100　设置文件夹名称

❺ 单击【下一步】按钮，对话框提示合并分区后，可能会更改驱动器的盘符。

❻ 单击【下一步】按钮，确认用户所做的设置，如图 14-101 所示。

❼ 单击【完成】按钮，该操作被挂起，可在磁盘信息浏览区中查看合并后的分区结果，如图 14-102 所示。

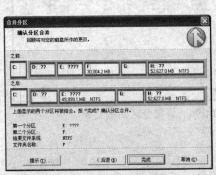

图 14-101　【确认分区合并】对话框

图 14-102　调整分区后的结果

运行 **PartitionMagic** 时为什么必须保持电源稳定？如何实现电源的稳定？

PartitonMagic 的典型优点是不损坏硬盘数据而对硬盘进行分区、合并分区、转换分区格式等操作。这些操作无疑要涉及大量数据在硬盘分区间搬运，而搬运中转站就是物理内存和虚拟内存。但物理内存和虚拟内存有一个先天致命弱点：一旦失去供电，所存储的数据便会消失得一干二净，因此运行 PartitonMagic 必须保持电源稳定。

保持电源稳定可以从两方面着手：一方面要保持市电的稳定，最好是准备一台不间断电源；另一方面，使系统的电源处于高能耗状态，这样有利于保护硬盘和监视器。可以打开【控制面板】窗口，依次单击【性能和维护】|【电源选项】图标，打开【电源选项属性】对话框。在【电源使用方案】下拉列表中选择【一直开着】选项，并且把【关闭监视器】、【关闭硬盘】、【系统待机】和【系统休眠】选项都设置为【从不】。

14.10　使用 Ghost 一键还原

❀ 实训目标

学会使用 Ghost 对 Windows XP 进行备份和还原。

❀ 实训内容

Ghost(幽灵)是美国 symantec 公司推出的一款硬盘备份还原工具，能够实现对系统的一键还原，但需要用户事先对系统进行备份。

❀ 上机操作详解

❶ 在系统运行状态良好的情况下，启动 Ghost 程序，如图 14-103 所示。

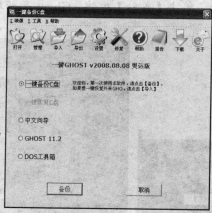

图 14-103　Ghost 程序主界面

❷ 对于第一次使用 Ghost 的用户而言，建议用户首先对系统所在的磁盘进行备份。即选中【一键备份 C 盘】单选按钮，然后单击【确定】按钮，计算机将自动重新启动。

❸ 屏幕上出现启动菜单，可以使用键盘上的上下方向键进行选择，这里保持默认，如图 14-104，以启动 Ghost 程序。

❹ 接着进入 GRUB4DOS 菜单，如图 14-105 所示。

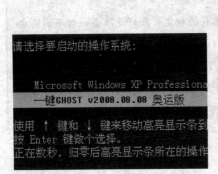

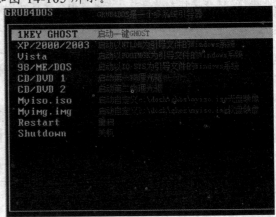

图 14-104　启动菜单　　　　　　　　图 14-105　GRUB3DOS 菜单

❺ 接着出现 MS-DOS 一级菜单，如图 14-106 所示。

❻ 接着出现 MS-DOS 二级菜单，如图 14-107 所示。

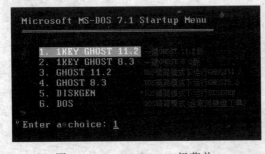

图 14-106　MS-DOS 一级菜单　　　　　　图 14-107　MS-DOS 二级菜单

❼ 接着出现【备份】界面，单击【备份】按钮，Ghost 开始对系统所在磁盘进行备份，如图 14-108 所示。

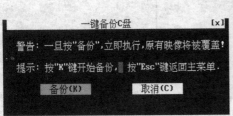

图 14-108　对系统磁盘分区进行备份

❽ 备份完成后,将自动重新启动计算机,用户可通过启动菜单选择是进入 Windows XP 系统还是启动 Ghost 程序。

❾ 如果选择启动 Ghost 程序, 则可以选择对 Windows XP 进行一键恢复, 如图 14-109 所示。

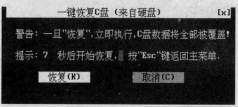

图 14-109 对 Windows XP 进行一键恢复

读者意见反馈卡

亲爱的读者：

　　您好！感谢您购买本书。为了今后能为您提供更优秀的图书，请您抽出宝贵的时间填写下面的意见反馈卡，然后剪下寄到：北京清华大学出版社第五事业部(邮编 100084)。您也可以把意见反馈到 bookservice@263.net。我们将充分考虑您的意见和建议，并尽可能地给您满意的答复。谢谢！

　　本系列图书订购咨询电话：010-62794504；邮购咨询电话：010-62770175/77 转 3505。

图书名称：Windows XP 操作系统简明教程(SP3 版)

读者资料卡

姓　　名：＿＿＿＿＿＿＿＿　性　别：□男　□女　年　龄：＿＿＿　文化程度：＿＿＿＿＿＿

职　　业：□教师　□学生　□其他　院校专业：＿＿＿＿＿＿＿＿＿＿＿＿＿＿＿＿＿＿＿

联系电话：＿＿＿＿＿＿＿＿　E-mail：＿＿＿＿＿＿＿＿＿＿＿＿＿＿＿＿＿＿＿＿

您使用本书是作为：□指定教材　□教辅用书　□个人自学　□参加认证考试

您对本书的满意程度：

语言文字：□很满意　□比较满意　□一般　□较不满意　□不满意　建议＿＿＿＿＿＿＿＿

技术含量：□很满意　□比较满意　□一般　□较不满意　□不满意　建议＿＿＿＿＿＿＿＿

封面设计：□很满意　□比较满意　□一般　□较不满意　□不满意　建议＿＿＿＿＿＿＿＿

印刷质量：□很满意　□比较满意　□一般　□较不满意　□不满意　建议＿＿＿＿＿＿＿＿

您对本书的总体满意度：

□很满意　□比较满意　□一般　□较不满意　□不满意

您希望本书在哪些方面进行修改或改进？（可附页）＿＿＿＿＿＿＿＿＿＿＿＿＿＿＿＿＿

＿＿＿

影响您购买图书的因素：

□书名　　□作者名声　　□出版机构　　□封面封底　　□装帧设计　　□内容提要、前言或目录

□价格（□20 元内　□30 元内　□50 元内　□100 元内）　　□书店宣传　　□网络宣传

□知名专家学者的书评或推荐　　□其他：＿＿＿＿＿＿＿＿＿＿＿＿＿＿＿＿＿＿＿

您是如何获得图书信息的：

□朋友推荐　□出版社图书目录　□网站　□书店　□杂志、报纸　□其他＿＿＿＿＿＿＿＿＿

您对我们的建议：（可附页）＿＿＿＿＿＿＿＿＿＿＿＿＿＿＿＿＿＿＿＿＿＿＿＿＿＿

＿＿＿

电子教案支持

敬爱的教师：

　　为了配合本课程的教学需要，本系列教材配有相应的电子教案，有需求的教师可以与我们联系，我们将向使用本教材进行教学的教师免费赠送电子教案，以方便教学工作的开展。有需求的教师，请拨打电话 010-62794504 或发电子邮件至 wkservice@tup.tsinghua.edu.cn 进行咨询，也可以直接填写读者意见反馈卡并在右下角进行标注，然后加盖院系公章后，按反馈卡地址寄给我们。

□　索取电子教案